ローコードで
はじめる
業務AIエージェント

はじめての

Microsoft
Copilot
Studio
入門

倉本 栞／小金澤 蓮 ［著］

技術評論社

◆本書で解説するCopilot Studioのご利用について

- Copilot Studioは生成AIを使ったソフトウェアのため、本書で掲載している解説の通りにCopilot Studioを利用した場合も、書籍で掲載している回答例と、お手元でCopilot Studioに質問をした際の回答とは異なることがあります。あらかじめご了承ください。

- Copilot StudioはほかのPower Platform製品同様、定期的にアップデートされています。アップデート情報については「おわりに」でも掲載している「Copilot Studioの公式ドキュメント」（https://aka.ms/copilotstudiodocs）などのリソース、参考情報も参照してご利用ください。

◆本書をお読みになる前に

- 本書に記載された内容は、情報の提供のみを目的としています。したがって、本書を用いた運用は、必ずお客様自身の責任と判断によって行ってください。これらの情報の運用の結果について、技術評論社および著者はいかなる責任も負いません。

- 本書記載の情報は、2025年2月現在のものを掲載していますので、ご利用時には変更されている場合もあります。

- また、ソフトウェア／Webサービスに関する記述は、特に断りのない限り、2025年2月現在での最新バージョンをもとにしています。ソフトウェア／Webサービスはバージョンアップされる場合があり、本書での説明とは機能内容や画面図などが異なってしまうこともあり得ます。

　以上の注意事項をご承諾いただいたうえで、本書をご利用願います。これらの注意事項をお読みいただかずにお問い合わせいただいても、技術評論社および著者は処しかねます。あらかじめ、ご承知おきください。

◆商標、登録商標について

　Microsoft Azure/Microsoft 365/Microsoft 365 Copilot/Excel/Word/PowerPoint/Outlook/SharePoint/Teams/ OneDrive/Power Platform/Dataverse/Power Apps/Power Automate/Power BI/Power Pages/Copilot Studioははは、マイクロソフト企業グループの商標です。

　その他、本書に掲載した社名や製品名などは当該企業の商標または登録商標である場合があります。会社名、製品名などについて、本文中では、™、©、®マークなどは表示しておりません。

はじめに

　私たちは今、情報があふれかえっている時代に生きています。調べようと思えばあらゆる情報を手に入れることができると言っても過言ではなく、勉強に役立つ本や、誰かが作った実用的な資料、さまざまなツールの使い方など、人間が生活を豊かにする情報を簡単に入手できます。すべての人が同じようにスマートフォンやパソコンで情報を調べられるインフラが整ってきましたが、そこで重要なのが、情報の扱い方や調べ方です。

　効率的な情報収集のためのインターフェースの1つとして、「チャットボット」（チャット＋ロボット）があります。チャットボットは、企業の問い合わせページなどで「お手伝いできることはございますか？」などと問いかけてくるロボットに会話形式で質問をし、欲しい情報を取得する仕組みで、従来からよく見かけるものでしたが、チャットボットにAIを埋め込むことで、これまでにない革新的なサービスとして世の中に大きなインパクトを与えたのが、みなさんもよくご存知のChatGPTです。AI＋チャットボットというしくみによって私たちはこれまでより圧倒的に柔軟で便利な情報収集ができるようになりました。

　そうしたAIチャットボットに加えて現在はエージェントもほぼコーディングなしで簡単に作ることができるツールがMicrosoftから2023年冬に発表されました。それが本書で解説するCopilot Studioです。

　本書は、Copilot Studioの基礎から応用まで、初心者にもわかりやすく解説しています。開発中のトラブルの対処法や、Copilot Studioをお使いの方から実際によくいただく質問への回答も掲載しています。また、知っておきたい管理機能についても解説しているので、管理する方にもおすすめできます。さまざまな場面で困ったときに開いていただければと思います。

》 一緒に学ぶ仲間たち

　この本でCopilot Studioについて一緒に学ぶ仲間たちを紹介します。「先生」はCopilot Studioの使い方を教えている専任講師です。生徒の「はじめくん」は新卒入社で、Copilot Studioを利用するのは初めてです。読者の皆さんと同じ目線でゼロから学んでいきます。

生徒のはじめくん

Copilot Studio専任講師の先生

》 本書サンプルアプリの動作環境

　本書で作成するサンプルアプリは、次の環境で動作することを確認しています。

OS・ブラウザ

　Microsoft Windows 11 Pro
　Microsoft Edge

サブスクリプション

　Microsoft 365 Business Premiumプラン（試用版）
　Microsoft Copilot Studio（試用版）

オフィスソフトウェア（PowerPoint、Wordなど）

　Microsoft 365デスクトップアプリケーション

本書のサポートページについて

本書で掲載している参考資料とサンプルデータをダウンロードできます。

● サポートページURL

URL https://gihyo.jp/book/2025/978-4-297-14762-4

ダウンロードしたzip形式のファイルは展開してご利用ください。

サンプルデータや参考ドキュメントのURLを掲載している章については、章ごとに参考資料を同梱しています。収録しているのは、本書内でダウンロード指示をしているエージェント開発を進めるうえで必要な資料、ファイルダウンロードのURL、アダプティブカードのサンプルなどです。

本書のダウンロードコンテンツについて

本書で掲載している内容を補足する、下記のコンテンツを上記のサポートページからダウンロードしてご利用いただけます。

なお、付属ダウンロードコンテンツについては下記のパスワードが必要となります。入力欄に下記を入力してご利用ください。

付属ダウンロードコンテンツパスワード
c0p1LoTztuDi0

● Microsoft 365 試用版の登録が正常に完了しない場合の対処法

Chapter 2「環境の準備」の「2-2 Microsoft 365の試用テナントの作成」での作業時、Microsoft 365試用版の登録・準備処理が正常に完了しないというときの対処策を記載しています。本書執筆時点における内容になりますが、必要に応じて参考にしてください。

● Teams でエージェントを共有するためのセキュリティ設定

Chapter 4「エージェントの公開」の「4-1 Teamsでの公開」で、他のユーザーにエージェントを共有するために必要なセキュリティ関連の設定を解説しています。

● Copilot Studioにおける管理の基本 (環境レベルの管理「セキュリティロールの管理」「生成AI機能の許可設定」「DLPポリシーの設定」)

Chapter 8「Copilot Studioにおける管理の基本」の「8-3 環境レベルの管理」で取り上げた「環境の制御」について、「セキュリティロールの管理」「生成AI機能の許可設定」「DLP (データ損失防止) ポリシーの設定」の手順を解説しています。

● よくある質問

Copilot Studioを利用している方からの問い合わせが多い、仕様、管理、セキュリティに関する質問について、Q&A形式で解説します。

目次

はじめに　ⅲ

Chapter 1　Copilot Studioの基本 1

1-1　Copilot Studioの概要 4
1-2　Copilot Studioの位置づけ 5
1-3　Copilot Studioの特徴 7
1-4　Copilot Studioのユースケース 10
1-5　Copilot Studioのライセンス 11

Chapter 2　環境の準備 15

2-1　開発の始め方 18
2-2　Microsoft 365の試用テナントの作成 18
2-3　Copilot Studioの試用ライセンスの用意 27
2-4　ユーザーの作成とライセンス付与 30

Chapter 3　はじめてのエージェント作成 37

3-1　エージェントの新規作成 40
　　3-1-1 » Copilot Studioの画面構成 46
3-2　ドキュメントのアップロード 51

vii

3-3 新規トピックの作成 55

3-3-1 》 エージェントが質問を理解できなかった場合の対処 61

Chapter 4 エージェントの公開 65

4-1 Teams での公開 68

4-2 サイトでの公開 (デモサイト) 74

4-3 SharePoint サイトへの埋め込み 78

Chapter 5 社内用エージェントの作成 87

5-1 SharePoint Online サイトの構築と
ドキュメントのアップロード 90

5-2 Copilot Studio のナレッジへの登録 104

5-2-1 》 エージェントのテスト 109

Chapter 6 エージェント開発の実践 (基本) 125

6-1 トピック作成の実践 128

6-1-1 》 [会話の開始] トピック、[会話の終了] トピック 130

6-1-2 》 [エスカレートする] トピック 132

6-1-3 》 [Conversation boosting] トピック 134

6-1-4 》 [フォールバック] トピック 138

6-1-5 》 新規カスタムトピックの作成 139

6-2 Power Automate との連携 154

6-2-1 》 問合せチケット管理のテーブルの作成 155

6-2-2 ≫ 新規トピックの作成 ……………………………… 162

6-2-3 ≫ トピックのテスト ………………………………… 178

6-3 AI Builder を使った拡張 ……………………………… 181

6-3-1 ≫ AIプロンプトの作成 …………………………… 182

Chapter 7 エージェント開発の実践（応用） ………… 199

7-1 Dataverse を用いたナレッジ検索 ………………………… 202

7-2 アダプティブカードで申請業務を効率化 ……………… 213

7-3 トピックの統合でユーザーエクスペリエンスを向上 ……… 233

Chapter 8 Copilot Studio における管理の基本 ……… 239

8-1 Copilot Studio のセキュリティの基本 ………………… 242

8-2 テナントレベルの管理 ……………………………… 245

8-2-1 ≫ ライセンス管理 ……………………………… 245

8-2-2 ≫ セルフサインアップ試用版のブロック ……… 250

8-2-3 ≫ 生成 AI を使用するエージェントの公開許可 ……… 250

8-2-4 ≫ 統合アプリ管理 …………………………… 251

8-2-5 ≫ 環境作成の管理 …………………………… 254

8-3 環境レベルの管理 ………………………………… 255

8-3-1 ≫ 環境アクセス制御 ……………………………… 257

8-4 エージェントレベルの管理 ………………………… 259

8-4-1 ≫ エージェントの認証設定 ……………………… 259

8-5 セキュリティで保護するためのベストプラクティス ……… 261

ix

Appendix A エージェントのコードをSharePoint のサイトに埋め込む準備 265

A-1 SharePoint 管理者ユーザーの追加 266
A-2 SharePoint サイトへの埋め込みの許可 271

Appendix B Power Apps のテーブル作成権限の付与 277

B-1 テスト用環境における「システム管理者」の権限の有効化 277
B-2 テスト用アカウントに権限を付与する 280

Appendix C トラブルシューティング 283

C-1 トラブルシューティング 283
    C-1-1 》 検索結果がうまく受け取れていない 284
    C-1-2 》 エージェントにアクセスするユーザーに、データソースに
    対する権限が与えられていない 290
    C-1-3 》 ファイルが 7MB のサイズ制限を超えている 291
    C-1-4 》 アプリの登録またはエージェントが正しく構成されて
    いない 292
    C-1-5 》 コンテンツモデレートによってコンテンツがブロック
    されている 294

おわりに　300
索引　305
執筆者紹介　309

Chapter 1

Copilot Studio の基本

Chapter 1　Copilot Studioの基本

本章で学ぶこと

Microsoft Copilot Studioがどのような製品で、何に役立つのか紹介します。また、具体的なユースケースについても紹介しています。Copilot Studioのライセンスは複数あるので用途に応じて導入してください。

本章のポイント

- Copilot Studioはクラウドで稼働する、サブスクリプションサービスである
- Copilot Studioで業務に役立つエージェントを作ることができる
- 本書で扱うのはスタンドアロンのCopilot Studioである

本章の構成

1-1　Copilot Studioの概要
1-2　Copilot Studioの位置づけ
1-3　Copilot Studioの特徴
1-4　Copilot Studioのユースケース
1-5　Copilot Studioのライセンス

先生、会社で生成AIを使うことになり、Copilot Studioが良さそうだと言われています。でも社内に使い方がわかる人が少なくて…。新人の僕でも使いこなせるか不安なので、教えてもらえますか？

それは大変ですね。それほど難しいものではないので安心してください。

Copilot Studioは業務で生成AIを活用するのに最適なツールですよ。そもそも、チャットボットって何かわかりますか？

なんとなくは…。でも、詳しくは知らないんです。

チャットボットは、リアルタイムで人と会話するシステムのことです。ChatGPTやCopilotも生成AIを活用したチャットボットです。例えば、社内の情報検索に時間がかかることってありませんか？

あります！ 経費精算の方法を探すのに毎回苦労してます。

そんなときにCopilot Studioでチャットボットや、本文で説明するエージェントを作ると、会話形式で簡単に情報を探せるようになります。文章で質問しやすく、回答も整理されて返ってくるので、業務の効率が上がりますよ！

なるほど！ それなら社内でも便利に活用できそうですね！

Chapter 1 Copilot Studioの基本

1-1 Copilot Studioの概要

　これから深く学習していくCopilot Studioについて、まずは基本から学びましょう。

　「Copilot Studio（コパイロットスタジオ）」とはMicrosoftが提供しているローコードツールの名前です。ほとんどコーディングなしで生成AIの技術を使ったチャットボットを簡単に作成することができます。

　また、質問に対する回答をするだけのチャットボットではなく、検索したデータを他のデータベースに保存する、関係者へメールを自動送信するといった、業務効率化・自動化を行うエージェントも作成することができます。

　ここで本書で言及するチャットボット、Microsoft 365 Copilot、エージェントについて説明しておきます。

　チャットボットは、ユーザーの特定の質問に対して事前にプログラムされた回答を提供するシステムです。これらのチャットボットは、主にキーワードの一致やパターン認識に基づいて動作し、あらかじめ定義されたシナリオに従って応答します。例えば、カスタマーサポートチャットボットは、ユーザーが特定の問題を報告した際に、標準的なトラブルシューティング手順を提供することができます。しかし、従来のチャットボットは柔軟性に欠け、複雑な質問や予期しない入力に対しては限られた対応しかできません。

　一方、Microsoft 365 Copilotは、生成AIを基盤とし、Microsoft 365のアプリケーションと統合された高度なAIアシスタントです。Copilotは、ユーザーがドキュメント作成、データ分析、コミュニケーションなどの日常的な業務を効率的に行えるよう支援します。例えば、ユーザーがWordでレポートを作成する際に、Copilotは自動的に文章を生成したり、Excelでデータを分析する手助けをしたりすることができます。Copilotは、ユーザーの意図を理解し、コンテキストに応じて適切な支援を提供する高度なAI機能を備えています。

　エージェントは、従来のチャットボットよりもさらに高度な機能を持つシステムです。AIエージェントは、生成AIを利用して、ユーザーの複雑な要求に対しても柔軟かつ適切に対応します。複数のサービスやアプリケーションと連携してタスクを実行することもできます。さらに、ユーザーがチャットしなくても、

4

特定のトリガー（メール受信、データ更新等）をきっかけに自動的にバックグラウンドで動いてくれる自律型エージェントも登場しています。

　Copilot Studio では、従来のチャットボットだけでなく、高度な生成 AI 機能を持ったエージェントをローコードで作成できます。また、Microsoft 365 Copilot の拡張機能の開発にも Copilot Studio を利用できます。本書では、ローコードで独自なエージェントの開発にフォーカスしています。

　これまでチャットボットの開発には専門的な知識や数か月以上の開発期間と高額の開発費用が必要でした。そのため、チャットボットが必要なときは、外部のベンダーや専門部門に開発を依頼することが一般的でした。しかし、Copilot Studio を使えば、業務を理解している現場のユーザー自らがチャットボットやエージェントを作成することが可能になり、コストを抑えながら業務によりフィットしたソリューションを用意できるようになります。

　Copilot Studio を活用することで、社内の業務効率化・DX 推進につながり、新しい働き方を実現します。

1-2 ＞ Copilot Studio の位置づけ

　Copilot Studio は Microsoft の高度なセキュリティ要件を保った状態でエージェントを作成できます。このため、社内の情報を使った回答をエージェントに作らせたり、エージェントを公開して使用してもらうことも安心して行えます。Microsoft では「責任ある AI」（安全で信頼できる倫理的な方法で AI システムを開発、評価、デプロイするためのアプローチ）を採用しており、AI を扱う際に安心してビジネスの中に活用することができるツールおよびサービスを開発しています。例えば、ユーザーが許可を付与しない限り、Microsoft は AI 機能のトレーニングにユーザーのデータを使用しません。

　こういった点からも、Copilot Studio は社内データを扱った独自のエージェントの開発に適していると言えます。さらに社内データのみならず、インターネット上に一般公開される企業のホームページのデータについても利用することもできます。詳細については次章以降で紹介します。

Copilot Studio には独自のエージェントの開発以外の用途もあります。例えば、Microsoft が提供する Copilot のカスタマイズに Copilot Studio を利用できます。Microsoft 365 Copilot、Copilot for Sales、Copilot for Service などに、標準機能では提供されていない機能を開発し、Microsoft のファーストパーティーの Copilot 上で利用させることができます。

Copilot Studio に類似するツールとして、ChatGPT の「GPTs」があります。GPTs も生成 AI チャットボット（ChatGPT）をノーコーディングでカスタマイズできますが、社内での利用というより、個人で自由に公開して収益化し、不特定多数のユーザーに使用させることが可能なツールです。GPTs 以外にも、関連するサービスが登場しつつありますが、Copilot Studio はさまざまなサービスに接続して生成 AI でデータを利活用でき、多数なチャネルをサポート、チャットをきっかけにワークフローで作業の自動化等々の機能の提供にフォーカスしています（表1-1）。目的に応じて使い分けるのがおすすめです。

▼表1-1　Copilot Studio と GPTs の違い

Microsoft Copilot Studio	ChatGPT GPTs
社内で扱う情報を用いたエージェントを作成し、セキュリティを担保しながら社内・社外で利用させることが可能なツール	個人で自由に公開して収益化し、不特定多数のユーザーに使用させることが可能なツール

いま仕事で、外部に漏れてはいけない情報を扱うことが多いので、チャットボットを開発するときに情報が漏洩してしまわないか心配です。

そこも安心して使うことができます！

1-3 Copilot Studioの特徴

Copilot Studioでは、さまざまなサービスをデータソースに指定することができます（図1-1）。

▼図1-1　Copilot Studioの接続先

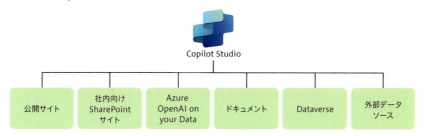

公開されているサイトや社内のSharePointサイトをURLで指定するだけでデータソースとして設定できます。例えば、社内のSharePointサイトを指定したときは、認証設定をすることで安全に社内のデータを扱えるようになります。

サイト内のWordやPDFファイルを検索したり、個別にローカルファイルをCopilot Studioにアップロードしたりすると、その情報を参照できます。

また、プラグインとして外部のデータソースとの連携も可能で、現在1500以上のコネクタが用意されています。

Azure OpenAI On Your Dataを使用してAzure AI Searchから結果を返答、Dataverseのデータ（テーブルやドキュメント）から重要な情報を抽出するなども可能です。Azure OpenAI On Your Dataは、Azureの上で独自データを生成AIの参考情報として簡単に与える仕組みです。また、Azure AI Searchは、Azureが提供するAIを使用した高度な検索サービスです。細かい検索の機能を作成することができるため、そこで作成した検索の仕組みを利用して、Copilot Studioと接続することもよくあります。

Dataverseはローコードのデータベースサービスで、Power AppsやPower AutomateなどMicrosoftのローコードツールでためたデータを扱うのが得意なサービスです。

こういったさまざまなデータソースを検索するために、Copilot Studioの中ではいくつかの処理を行っています。

図1-2を見てください。

まず、ユーザーの質問を受け付けます❶。その後、データソースで検索できる形式に書き換えます❷。

ユーザーの質問が与えられると、接続されたすべてのデータソースが検索され、関連情報を取得します❸。さらに、データソースごとの上位3件の検索結果を使用して回答を要約し、引用元のリンクを生成します❹。

生成された回答がデータソースの情報と一致するか確認します❺。一致しない場合は、間違った情報であるとして、ユーザーには送信されません❻。

ここまでクリアして初めて、ユーザーへ回答が返されます❼。

▼図1-2　Copilot Studioが回答を生成する流れ

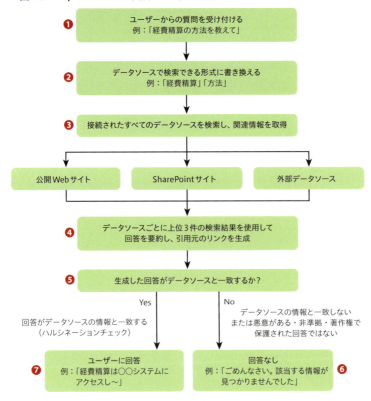

このようにして作成されたエージェントはTeamsやPower Appsといった Microsoft製品に公開して使うことができたり、LINEやSlack、Facebookといったサードパーティ製品でも条件次第で使うこともできます。また、Webサイトに埋め込むことも可能であり、さまざまなシナリオで使うことができます。

すでにある社内のマニュアルやサイトの情報を指定することでエージェントを作成することができるから、効率的にエージェントを用意することができそうですね。

そのとおりです！ すでに情報がたまっていてもうまく活用できていない、そんな場面にピッタリのツールですね。

Chapter 1 Copilot Studioの基本

1-4 Copilot Studioのユースケース

Copilot Studioを使ったよくあるユースケースを紹介しましょう。

**ユースケース例①：社員の事務に関するよくある質問に答えてくれる
「ヘルプデスク」エージェント**

　社内ツールの使い方や、経費精算の仕方、デバイスのトラブル対応など、社内で問い合わせ業務が多数発生し、担当部門に労力がかかるケースはよくあると思います。この業務を人間の代わりに対応するエージェントをCopilot Studioで作成できます。ヘルプデスク業務では同じような質問を受け付けることが多く、エージェントの使用により大幅な業務効率化が期待できます。社内でよくある質問には、すでに社内にマニュアル類があることも多いです。その場合は、そのマニュアル類をエージェントのナレッジとして追加するだけで、そのマニュアルをもとに回答してくれるエージェントを作成できます。

　またCopilot Studioで作成したエージェントは社内コミュニケーションチャットツールTeamsに埋め込むことができ、社内の従業員に自然に使ってもらいやすくなります。

ユースケース例②：「顧客サポート」エージェント

　価格の問い合わせや、契約更新の申請、過去の契約の検索など、顧客とのやり取りの中でしばしば発生する業務を自動化できます。顧客の情報を保存しているデータソースと接続し、その情報をもとに回答を生成したり、システム間連携をカスタマイズし、申請の業務を自動化したりできます。

　さまざまな方法で顧客をサポートするエージェントをLINEや顧客向けのポータルサイトでエージェントを公開できるため、外部向けに必要なときに必要な情報をエージェントから取得できます。

1-5 〉 Copilot Studioのライセンス

Copilot Studioを使用するにあたって必要となる、ライセンスの考え方について説明しておきます。

Copilot Studioのライセンスは、ユーザーがメッセージをやり取りした分だけお金がかかるという考え方です。ライセンスを購入するときは1か月でどのくらいのメッセージを使うかを事前に予想し、その見積りのメッセージ数分のライセンスを購入します。また、使用したメッセージ分だけ支払う従量課金プランもあります。ライセンスの最新詳細情報については、次のCopilot Studioの製品ホームページをご確認ください。

Copilot Studioの価格
URL https://www.microsoft.com/ja-jp/microsoft-copilot/microsoft-copilot-studio#Pricing

具体的には、Copilot Studioで作成したエージェント内で生成AIを使って、自動的に回答を生成するパターンと、あらかじめ設定した・決まっている定型文を回答する場合では消費するメッセージ数が異なります。

例えば、生成AIを使わず、あらかじめ設定されたテキストを応答する場合は1メッセージを消費します（図1-3）。

▼図1-3　非生成AI回答のメッセージ消費

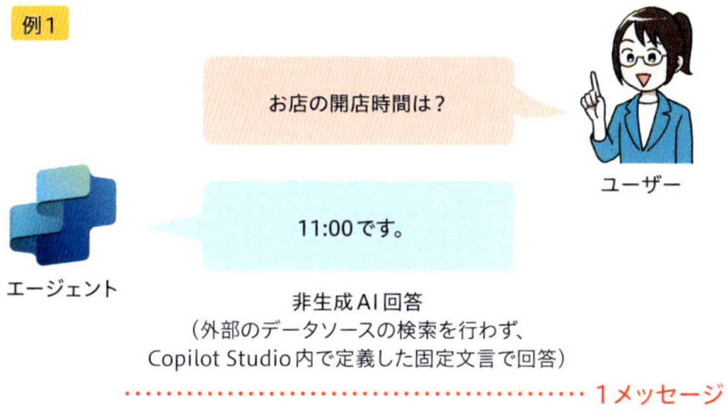

Chapter 1　Copilot Studioの基本

　生成AIを使って自動で回答生成する場合は、2メッセージを消費します（図1-4）。

▼図1-4　生成AI回答のメッセージ消費

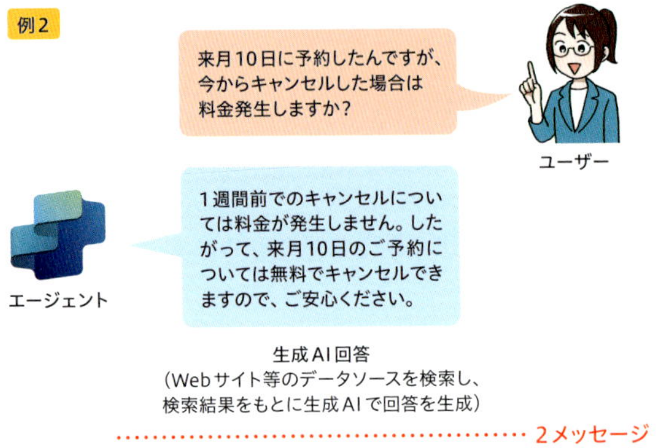

例2

エージェント

ユーザー

来月10日に予約したんですが、今からキャンセルした場合は料金発生しますか？

1週間前でのキャンセルについては料金が発生しません。したがって、来月10日のご予約については無料でキャンセルできますので、ご安心ください。

生成AI回答
（Webサイト等のデータソースを検索し、検索結果をもとに生成AIで回答を生成）

……………………………………………… 2メッセージ

　現在、Copilot Studioに用意されているライセンスは大きく4つあります。
　スタンドアロンのCopilot Studioでは、個別のエージェントを作成することができ、ここで作ったエージェントはさまざまなアプリケーションやサービスで公開して使うことができます。スタンドアロンのライセンスでは、次の2種類の課金形式があります。

① 事前購入できるメッセージパック形式：1パックごとにテナント全体で何人が使っても25,000メッセージ／月を使用することができ、月額29,985円です。
② 利用した分だけ支払う従量課金形式：こちらについてはパック単位ではなく、メッセージごとに0.01ドル（約1.5円）で課金されます。

　次に、Microsoft 365 CopilotライセンスにはCopilot Studioの利用権が付帯しています。Microsoft 365 CopilotをUIとしなければなりませんが、Microsoft 365 Copilotに対してデータソースを増やしたり業務の自動化をしたりすることができるものになっています。利用量の制限はなくユーザーごとに月額4,497円です。
　Copilot Studio for TeamsはTeamsに付帯しているCopilot Studioで、こちらは生成AIの機能を持たないチャットボットをTeamsにのみ公開できます。

Teams付帯のライセンスということでMirosoft 365などのTeamsをお持ちの
ユーザーが使用できます。

表1-2に記載の価格は本書執筆時点のもので、実際には価格は変動します。
購入時にはライセンスガイドなどで確認するようにしてください。

Microsoft Power Platform ライセンスガイド
URL https://go.microsoft.com/fwlink/?linkid=2085130

▼表1-2　ライセンスの比較表（2025年2月現在）

機能概要	詳細	Copilot Studio 従量課金	Copilot Studio メッセージ パック	Microsoft 365 Copilotに含まれるCopilot Studioの使用権	Copilot Studio for Teams
独自のエージェントの作成とあらゆる場所への公開		○	○	－	－
公開先チャネル	Teams	○	○	－	○
	内部・外部チャネル	○	○	－	－
	Microsoft 365 Copilot	－	－	○	－
チャットメッセージ		従量課金0.01ドル／メッセージ	ライセンスごとに25,000メッセージ／テナント／月	無制限	無制限（テナント内のすべてのボットで10セッション／ユーザー／24時間）
AI機能	生成AIを活用した会話	○	○	○	－
フローへの接続	Copilot Studioコンテキスト内でのPower Automateクラウドフロー（自動化／インスタント／スケジュール済みのフロー）の作成	○	○	○	－

Chapter 1 Copilot Studio の基本

機能概要	詳細	Copilot Studio 従量課金	Copilot Studio メッセージ パック	Microsoft 365 Copilotに含まれるCopilot Studioの使用権	Copilot Studio for Teams
データへの接続	標準コネクタ	○	○	○	○
	プレミアム／カスタムコネクタ	○	○	○	−
	オンプレミスデータゲートウェイ	○	○	○	−
データの保存と管理	Dataverseの使用権	○	○	○（プラグインでの使用やログとして残すための容量をテナント単位で共有）	−
	Dataverse for Teamsの使用権	−	−	−	○
Dataverseの既定容量	Dataverse − データベース	5GB	5GB	5GB	−
	Dataverse − ファイル	20GB	20GB	20GB	−
	Dataverse − ログ	2GB	2GB	2GB	−
マネージド環境		○	○	−	−

本書ではスタンドアロンのCopilot Studioを対象として扱っていきます。

Chapter **2**

環境の準備

Chapter 2 環境の準備

本章で学ぶこと

Copilot Studioでエージェントを作成するには、Microsoftが提供する
クラウドサービスと契約し、開発環境を構成する必要があります。その
ための準備作業として、Microsoft 365テナントおよびCopilot Studio
の開発アカウントを作成します。

本章のポイント

◉ Microsoft 365の試用テナントの作成方法を知る
◉ Copilot Studioの試用ライセンスを取得する
◉ Copilot Studioの開発アカウントを作成し、使えるようにする

本章の構成

2-1 開発の始め方
2-2 Microsoft 365の試用テナントの作成
2-3 Copilot Studioの試用ライセンスの用意
2-4 ユーザーの作成とライセンス付与

いよいよCopilot Studioを動かしてみますよ！ でもその前にまず、開発する環境を作っておきましょう。

開発する環境ってどういうことですか？

Copilot Studioの環境は基本的に、Microsoft 365やOffice 365のテナント※の中で作ります。その環境を構築していきましょう。

※ 企業や組織がMicrosoft 365の各サービスを一元管理するための枠組み。

なるほど、Microsoft 365は会社で使ってます！

この章では練習としてゼロから環境を用意する手順を説明します。実際の業務では、会社で使っているテナントの中でCopilot Studioを構築してくださいね。

Chapter 2　環境の準備

2-1 開発の始め方

　Copilot Studioで独自のエージェントを開発するには、事前に以下のような流れで環境を用意する必要があります。なお、本書ではゼロから環境を構築する手順を紹介しますが、すでにMicrosoft 365（あるいはOffice 365）のアカウントを持っている場合、次の2-2節の手順は不要なので、2-3節（Copilot Studioの試用ライセンスの用意）から進めてください。なお、会社のアカウントと環境を利用して進む場合、Copilot Studioを検証して問題ないかをIT担当部署に確認してから進めてください。

　その後、2-4節で「ユーザーの作成とライセンス付与」を行います。

2-2 Microsoft 365の試用テナントの作成

　Microsoft 365テナントは、組織全体でMicrosoftのさまざまなクラウドサービスを利用するための環境を提供します。テナントとは、企業や組織がMicrosoft 365の各サービスを一元管理し、組織全体のユーザー、データ、アクセス権を効率的に管理するための枠組みです。Microsoft 365テナントの中心にはEntra ID（旧Azure Active Directory）があり、これは認証とアクセス管理の基盤となります。Copilot Studioを利用するにあたり、Microsoft 365テナントと同様のEntra ID認証を利用するため、事前にMicrosoft 365の試用テナントを用意する必要があります。

　Microsoft 365プランの一覧を確認するには、以下のURLのMicrosoft 365のページにアクセスします（画面2-1）。プランごとに無料で試用可能です。なお、プランはTeamsとSharePointが利用できれば問題ありません。Microsoft 365 Business Basic、Microsoft 365 Business Standardを利用して試用することも可能です。本書では、フル機能を利用できるMicrosoft 365 Business Premiumプランの試用版を取得して環境を構築します。

2-2 Microsoft 365の試用テナントの作成

Microsoft 365製品ホームページ
 URL https://www.microsoft.com/ja-jp/microsoft-365/business

ページを少しスクロールして、Microsoft 365 Business Premiumプランのボックスにある「1か月間無料で試す」のリンクをクリックして申し込みます。

▼画面2-1 Microsoft 365プラン一覧

「Microsoft 365 Business Premium - 試用版」というタイトルのページに移動します（**画面2-2**）。「1か月間無料で試す」という見出しの下の［これは何人のユーザーに対して行いますか？］のボックスで［1］❶と入力して［次へ］ボタン❷をクリックします。

▼画面2-2 Microsoft 365 Business Premium - 試用版取得画面

Microsoft 365 Business Premiumプランの試用版で使うアカウントを入力します（画面2-3）。画面には「職場または学校のメールアドレスを入力してください」と表示されていますが、試用に伴う無用なトラブルを避けるために、ここでは次のようなテスト用の独自ドメイン名を利用したメールアドレスを入力することをお勧めします（これは、あとの手順で設定する「サインインに使うユーザー名」を先取りして仮入力しているだけです）。

ユーザー名@独自ドメイン名.onmicrosoft.com

例 admin@copilotstudiotest.onmicrosoft.com

注意：このアドレスはあくまでサンプルですでに登録済のため、実際にはご自身で決めたユーザー名、独自ドメイン名を入力してください。

> 試用期間終了後に有料で利用し続ける予定のMicrosoftアカウントを「新規に作成」する場合は、ここでそのメールアドレスを入れるようにしてください。

なお、ドメイン名の部分は組織ごとに一意である必要があります。最も簡単な方法は、自分のメールアドレスのドメイン名（「co.jp」や「.com」などの部分も含む）を元にしつつ、ピリオドを削除することです。上記の例は、copilotstudio.testというドメイン名を元にしつつピリオドを削除した結果です。例えばcopilotstudiotestというドメイン名で登録した場合、他の組織ではそのドメイン名を登録できなくなります。

メールアドレス❶を入力したら、［次へ］ボタン❷をクリックします。

▼画面2-3　メールアドレスの入力

新規アカウントの氏名や組織名などの、必要な情報を入力します（**画面2-4**）。［次へ］ボタンをクリックします。

▼画面2-4　必要な情報を入力

［セキュリティチェック］画面では、電話番号を入力してSMS認証、もしくは音声通話認証を行います（**画面2-5**）。

SMS認証・音声通話認証のいずれかのラジオボタン❶を選択してから国番号❷と電話番号❸を入力し、［確認コードを送信］ボタン❹をクリックします。

SMS認証の場合、入力した電話番号に確認コードがSMSで送信されます。

音声通話認証の場合、入力した電話番号に自動音声通話が発信されて、通話中に認証コードを案内されます。

入手した確認コードを画面に入力し、認証を完了します。

▼画面2-5　セキュリティチェック

Chapter 2 環境の準備

サインインに使うユーザー名を作成します。

［ユーザー名］❶、［ドメイン名］❷、［パスワード］❸を指定して、［次へ］ボタン❹をクリックします（画面2-6）。なお、ドメイン名は一意である必要があるため、すでに存在しているドメイン名と重複しないように指定してください。

▼画面2-6　サインインする方法

試用版ライセンスの［数量］❶を指定して、［お支払い方法の追加］ボタン❷をクリックします（画面2-7）。

▼画面2-7　数量と支払い

2-2　Microsoft 365の試用テナントの作成

　試用版ライセンスを申し込むには、サブスクリプション料金の支払い方法を登録する必要があります（画面2-8）。必要な情報を入力し、[保存]ボタンをクリックします。

> 以降の手順で説明しますが、自動継続請求をオフにすることで、試用期間終了後に勝手に請求されないようにすることができます。

▼画面2-8　支払い方法の追加

　最後に、レビューと確認画面で申込み情報を確認して、問題なければ[無料版を開始]ボタンをクリックします（画面2-9）。

> [無料版を開始]ボタンをクリックすると、クレジットカードの種類や利用登録状況によっては、ワンタイムパスワード認証のダイアログが表示されることがあります。その場合は画面の指示に従って認証を済ませてください。

Chapter 2　環境の準備

▼画面2-9　申し込み情報を確認し、無料版を開始する

　少しの間（1分～数分ほど）、アカウントやライセンスの登録などの処理が実行され、処理が完了すると次のいずれかの結果になります。

- 正常に完了した場合：画面が切り替わり「ありがとうございます」といったメッセージが表示された場合は、「試用版の使用を開始する」といった意味のボタンをクリックします。そのまま次に読み進んでください。
- 正常に完了しなかった場合：元の画面（画面2-9）の上部に「弊社側で問題が発生しました。」といったメッセージが表示されます。この場合、アカウントの作成は完了しているものの、試用版の登録または準備がなんらかの理由で完全に完了していないことが多いようです。半日～1日くらい経ってから再びMicrosoft 365管理センターを確認すると、製品の準備が完了しているはずです。詳しくは、本書のダウンロードコンテンツの「Microsoft 365試用版の登録が正常に完了しない場合の対処法」のPDFを参照してください。試用

版が利用できる状態になったことが確認できたら、次に進んでください。

試用版の準備ができたら、いったん利用状況を確認しておくとよいでしょう。
それには、以下のURLのページを開き、Microsoft 365管理センターにアクセスします。左側のメニューで［課金情報］❶→［お使いの製品］❷を順にクリックし、画面の一覧に、Microsoft 365 Business Premiumプラン❸が表示されていることを確認します（**画面2-10**）。

Microsoft 365管理センター
URL https://admin.microsoft.com/

▼画面2-10　利用状況の確認

製品名「Microsoft 365 Business Premium」の右隣にある三点リーダー（︙）❶をクリックし、［継続請求を編集する］❷をクリックします。画面右側の［継続請求を編集する］パネルで［オフ］ラジオボタン❸をクリックしてから、最下部にある［保存］ボタン❹をクリックします。すると、**画面2-11**のように、［継続請求を無効にしますか？］と聞かれるので、［はい］ボタン❺をクリックします。

Chapter 2　環境の準備

▼画面2-11　継続請求を無効にする

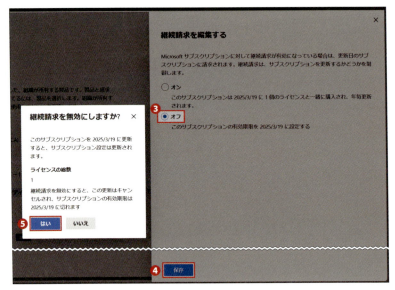

　無効にする処理が完了すると、画面右側のウィンドウに［継続請求が無効になっています］と表示されます（**画面2-12**）。

▼画面2-12　継続請求が無効になっている

2-3 Copilot Studioの試用ライセンスの用意

　前節でアカウント登録は終了したので、次にCopilot Studioの試用ライセンスを取得します。
　Copilot Studioの製品ホームページにアクセスします。

Microsoft Copilot Studio製品ホームページ
URL https://www.microsoft.com/ja-jp/copilot/microsoft-copilot-studio

　製品ホームページが表示されたら、[無料で試す] ボタンをクリックします（画面2-13）。

▼画面2-13　Microsoft Copilot Studio製品ホームページ

　画面が切り替わるので、表示されているガイダンスに従って進めていきます。
　ステップ1の「始めましょう」では、申し込みアカウントを入力します（画面2-14）。Microsoft 365 Business Premiumプランの試用版を取得したときに作成したアカウントを [メール] 欄❶に入力し、[次へ] ボタン❷をクリックします。

▼画面2-14　ステップ1：メールアドレスの入力

　入力したメールアドレスが表示され、サインインするように促されます。[サインイン] ボタンをクリックします（画面2-15）。

▼画面2-15　ステップ1：サインイン

　ステップ2の「アカウントの作成」では［国または地域］❶と［勤務先の電話番号］❷を入力し、確認事項の内容をチェックしてから、チェックボックス❸にチェックを入れます（画面2-16）。［作業の開始］ボタン❹をクリックします。

2-3 Copilot Studioの試用ライセンスの用意

▼画面2-16　ステップ2：アカウントの作成

ステップ3の「詳細の確認」では、サインアップ完了のメッセージが表示されます。ユーザー名❶に間違いがないことを確認します（画面2-17）。

▼画面2-17　ステップ3：詳細の確認

これでCopilot Studioの試用ライセンスが取得できました。
最後に［作業の開始］ボタン❷をクリックします。［作業の開始］ボタンをク

Chapter 2　環境の準備

リックすると、新規ブラウザタブが作成され、Copilot Studioのホームページが表示されますが、まだ何も操作しないでください。

本章の手順どおりに操作している場合は、ここでいったんブラウザを閉じてから次の2-4節に進んでください。

2-4　ユーザーの作成とライセンス付与

次に、Copilot Studioの開発アカウントを作成し、必要なライセンスを付与します。

ブラウザで次のURLにアクセスし、試用版用のユーザー名を使ってMicrosoft 365にサインインします。

Microsoft 365ホームページ
URL https://www.microsoft365.com/

画面左上のアプリ起動ツール（::::）をクリックし、[管理]をクリックします。続けて、左側のメニューで、[ユーザー]→[アクティブなユーザー]を選択します。

Microsoft 365管理センターの右側のペインが[アクティブなユーザー]画面になったら[ユーザーの追加]ボタンをクリックして、新規アカウントを作成します（**画面2-18**）。

▼画面2-18　Microsoft 365管理センターでユーザーを追加

30

2-4　ユーザーの作成とライセンス付与

　ユーザーを追加する画面に切り替わります。［基本設定］画面で画面2-19を参考に、［姓］［名］［表示名］［ユーザー名］［ドメイン］❶を入力します。
　［パスワードを自動作成する］❷と［初回サインイン時にこのユーザーにパスワードの変更を要求する］❸にチェックを入れた場合、ランダムにパスワードが発行されて初回ログイン時に任意のパスワードに変更することが可能になります。なお、パスワードを指定したい場合は、この2つの設定をオフにすれば任意のパスワードを指定できます。［次へ］ボタン❹をクリックします。

▼画面2-19　ユーザーを追加：基本設定

　次に、ユーザーに製品ライセンスを割り当てます。今回は取得したMicrosoft 365 Business Premium（画面上は［Microsoft 365 Business Premium］❶）とMicrosoft Copilot Studio（画面上は［Microsoft Copilot Studioバイラル試用版］❷）の試用版ライセンスにチェックを入れて、［次へ］ボタン❸をクリックします（画面2-20）。

▼画面2-20　ユーザーを追加：製品ライセンスの割り当て

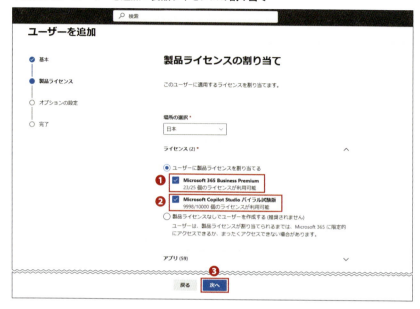

［オプションの設定］画面では、ユーザーに必要なロール（例えば、特定サービスの管理者権限など）を付与することができます（画面2-21）。特に不要にしたいロールがなければ、［次へ］ボタンをクリックします。

▼画面2-21　ユーザーを追加：オプションの設定

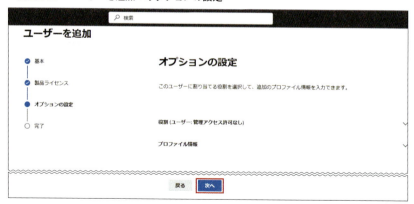

2-4　ユーザーの作成とライセンス付与

［確認と完了］画面で最終確認し、問題がなければ［追加の完了］ボタンをクリックします（画面2-22）。

▼画面2-22　ユーザーを追加：確認と完了

新規アカウントの作成が完了したら、［閉じる］ボタンをクリックします（画面2-23）。

Chapter 2　環境の準備

▼画面2-23　ユーザーを追加：終了メッセージの確認

作成したアカウントでCopilot StudioのURLにアクセスしてみます。なお、アカウントの切り替えとなるため、作成した新しいアカウントを使う際には、ブラウザのInPrivate（インプライベート）ウィンドウ、もしくは別のブラウザを利用するようにしてください。

Microsoft Copilot Studioホームページ
URL https://copilotstudio.microsoft.com

　Microsoft Copilot Studioのページへの初回アクセス時には、「国/リージョン」の選択画面が表示されます。本書では［Japan］❶を選択して、［開始する］ボタン❷をクリックします（画面2-24）。

2-4 ユーザーの作成とライセンス付与

▼画面2-24　Microsoft Copilot Studio

［開始する］ボタンをクリックしたあとに、画面2-25のような新規エージェント作成画面が表示された場合、いったん［キャンセル］ボタンをクリックします。「本当に移動しますか」というメッセージが表示された場合は［終了］をクリックします。

Copilot Studioのホームページに遷移します。

▼画面2-25　Copilot Studioの新規エージェント作成画面

Chapter 2　環境の準備

　Copilot Studioのホームページが表示されたら、事前の開発環境の準備は完了です（**画面2-26**）。

▼画面2-26　Copilot Studioのホームページに遷移

Chapter

3

はじめてのエージェント作成

Chapter 3 はじめてのエージェント作成

本章で学ぶこと

前章まででエージェントを作成する環境は構築できたので、ここからは
実際に作成していきます。また、エージェントが使うドキュメントをアッ
プロードする手順も説明します。最後に、「トピック」と呼ばれる応答シ
ナリオについて学び、トピックを新規作成してみます。

本章のポイント

◉ エージェントを新規作成する
◉ ドキュメントのアップロード方法を知る
◉ Copilot Studioの画面構成を知る
◉ トピックを新規作成する

本章の構成

3-1 エージェントの新規作成
3-2 ドキュメントのアップロード
3-3 新規トピックの作成

では、これからいよいよ、はじめてのエージェントを作成していきますよ！

わくわくしますね！でも、どうやって始めればいいんですか？

まずはCopilot Studioの画面構成と使い方を覚えていきましょう。画面のどの部分で何ができるかを理解しておくと、作業がスムーズに進みますよ。

はい、基本を押さえることが大事なんですね。

そういうことです！ 今回は簡単な例を使ってエージェントを作成し、その流れを一緒に確認していきましょう。
さっそく始めましょう！

Chapter 3 はじめてのエージェント作成

3-1 エージェントの新規作成

　エージェントを作成するには、Copilot Studioのホームページにアクセスします。サインアウトしている場合は、操作に入る前にサインインしてください。

Microsoft Copilot Studioのホームページ
URL https://copilotstudio.microsoft.com/

　左側の［ナビゲーション］ペインのメニューから［作成］❶をクリックし、［新しいエージェント］❷をクリックします（画面3-1）。

▼画面3-1　Copilot Studioホームページ

本書では、画面3-1右上の「環境」部分に記載された環境内でエージェントを作成していきます。この環境の名前は「<組織名>（既定）」または「<組織名>（default）」となっています。

40

3-1 エージェントの新規作成

新規エージェントの詳細情報を次のように入力していきます（画面3-2）。

❶ ［名前］：任意の名前で問題ありません。作成後に変更することもできます。ここでは「エージェント1」と入力しました。

❷ ［説明］：そのまま空白で問題ありません。

❸ ［指示］：そのまま空白で問題ありません。

❹ ［サポート情報］：ここでは、エージェントに参照させたいデータソースを指定します。［ナレッジの追加］ボタンをクリックします。

▼画面3-2　新規エージェントの詳細情報

利用可能なナレッジソース一覧が［ナレッジの追加］画面に表示されます（画面3-3）。エージェントを新規作成するときに指定できるナレッジソースは［公開Webサイト］と［SharePointとOneDrive］のみになります。その他のナレッジソースはエージェントの作成後に追加できるようになります。ここでは［公開Webサイト］を選択します。

Chapter 3　はじめてのエージェント作成

▼画面3-3　ナレッジの追加

［公開Webサイトのリンク］❶にURLを入力し、［追加］ボタン❷をクリックします（画面3-4）。ここでは、次の東京都公式ホームページを追加してテストしてみます。もちろん、他の公開されているWebサイトでも問題ありません。

URL https://www.metro.tokyo.lg.jp/

▼画面3-4　公開Webサイトを追加する

［公開Webサイトのリンク］を入力するときに、いくつの注意事項があります。

3-1 エージェントの新規作成

　まず、指定するサイトのURLについては、最大2階層まで指定することができます。例えば、次のようなURLは問題なく指定できます。

　　https://www.contoso.com
　　https://www.fabrikam.com/engines/rotary

次のURLは3階層になっているため、指定できません。

　　https://www.fabrikam.com/engines/rotary/dual-shaft　✖NG

そのほかに注意事項が2つあります。

- 指定するURLが別のサイトにリダイレクトされる場合、エージェントから回答を得ることはできない
- 公開Webサイトに認証情報が求められる場合、回答が生成されない

詳細については、以下のページで確認してください。

ナレッジソースの概要
　URL https://learn.microsoft.com/ja-jp/microsoft-copilot-studio/knowledge-copilot-studio#url-considerations

　公開Webサイトは複数追加することもできますが、今回は東京都公式ホームページだけ指定することにします。［追加］ボタンをクリックします（画面3-5）。

▼画面3-5　公開Webサイトを追加する（複数追加することも可能）

Chapter 3　はじめてのエージェント作成

　新規エージェントの詳細情報画面に戻るので、［作成］ボタンをクリックします（**画面3-6**）。

▼画面3-6　新規エージェントの作成

　少し待っていると画面が変わり、エージェントの編集画面が表示されます（**画面3-7**）。

▼画面3-7　エージェントの編集画面

この状態でエージェントが動作しているので、画面右側のテストパネルでテストしてみましょう。最初はエージェントからの自己紹介メッセージが表示されています。

チャットウィンドウに検索したい情報を入力して送信します。ここでは「東京都知事は誰ですか？」という質問を入力しています（画面3-8）。

▼画面3-8 チャットウィンドウに質問を入力

これで、エージェントが東京都公式ホームページを検索して回答を生成してくれます（画面3-9）。回答に参照先のURLも添付してくれます。そのURLをクリックすると、直接当該サイトを開くことができるので、詳細な情報を確認できます。他の東京都に関連する質問を入力してテストしてみてください。

▼画面3-9 ［エージェントをテストする］ペインに回答が表示された様子

このように数クリックするだけで公開Webサイトの情報検索エージェントを作成することができます。後続の章で説明しますが、作成したエージェントはさまざまなチャネルに公開することが可能なので、ここで作成したエージェントを既存の公開Webサイトに埋め込んで、サイトの利用者にエージェントの機能を提供できます。

3-1-1 ≫ Copilot Studioの画面構成

これまでの説明で簡単なエージェントを動かすことができました。Copilot Studioの編集画面には、さまざまなメニューやボタン類があるので、ここで画面構成について説明しておきます（画面3-10）。

▼画面3-10　Copilot Studioの画面構成

A [ナビゲーション] ペイン

- **ホーム**：Copilot Studioのホームページを表示します。ここから自然言語で新規エージェントの作成を開始できます。そのほか、最近編集したエージェントの一覧が表示されます。また「エージェントを探索する」にはエージェントのテンプレート、「学習リソース」にはドキュメントなどのリソースが含まれています。
- **作成**：エージェントの作成画面にアクセスできます。
- **エージェント**：ユーザーが環境内でアクセスできるすべてのエージェントの一覧（B）を表示します。
- **ライブラリ**：Copilot Studioで開発したMicrosoft 365 Copilot向けの拡張機能の一覧です。

B [エージェント] ペイン

すばやく遷移できる利用可能なエージェントの一覧を表示します。この一覧は、中央のペインにエージェントを表示しているときに [エージェント] アイコンにマウスポインタを合わせたときにのみ表示されます。それ以外の場合は、[エージェント] アイコンをクリックすると、中央のペインにエージェントの一覧が表示されます。

C Copilot Studio 機能間のタブ付きナビゲーション

- **概要**：エージェントの説明、指示、およびその構成のクイックビュー（ナレッジソース、トピック、アクション、公開ステータスなど）に遷移します。
- **サポート情報**：エージェントのナレッジソース（Web サイト、ファイルなど）を管理する場所です。
- **トピック**：カスタムトピックとシステムトピックを管理する場所です。トピックは、エージェントの中核となる構成要素です。トピックの詳細および作成方法については 3-3 節で説明します。
- **アクション**：アクションを管理する画面です。アクションは、入力と出力を持つロジックの一部です。コネクタ、クラウドフロー、AI Builder カスタムプロンプトなどの Power Platform コンポーネントを活用します。アクションの使い方の詳細については Chapter 7 で説明します。アクションは、生成 AI を活用して、ユーザーに必要な入力を求めるだけでなく、アクションの出力を要約するのにも役立ちます。
- **活動**：エージェントをテストする際に、エージェントの入力、決定、出力の順序等のアクティビティ（活動情報）を視覚的に追跡できます。[活動] の画面から、エージェントの問題点や改善の機会を見つけることができます。なお、この画面は生成オーケストレーション機能が有効になっているエージェントでのみ使用できます。本書執筆時点では、生成オーケストレーション機能に関しては、言語設定が英語のエージェントのみ動作します。
- **分析**：エージェントがユーザーにどの程度適切にサービスを提供しているかを監視し、改善方法を特定するための分析レポートを表示できます。
- **チャネル**：エージェントをユーザーに公開する方法（Teams、Web サイトなど）を構成する場所です。

Chapter 3 はじめてのエージェント作成

D エージェント概要情報

エージェントの説明、指示を編集、およびその構成（ナレッジソース、トピック、アクション、公開ステータスなど）を確認できる場所です。

E ［環境］ペイン

- **環境**：作業元の Power Platform 環境を確認・選択できる場所です（クリックすると別の環境を選択できます）。通常は、開発環境でエージェントを作成して作成し、テスト環境と運用環境にデプロイします。

F 公開と設定

- **公開**：エージェントの最新バージョンをユーザーが利用できるようにすることができます。エージェントを公開していない限り、最新の変更はエンドユーザーに反映されません。
- **設定**：エージェントの設定を管理できる場所です（詳細設定、セキュリティ、言語など）。

G ［エージェントをテスト］ペイン

- **エージェントをテストする**：テストウィンドウでは、エージェントをすぐにテストできます。

次に、設定画面の構成について説明します。画面3-10 の F の［設定］をクリックすると、［設定］画面が表示されます（画面3-11）。

▼画面3-11　設定画面

48

❶ エージェントの詳細：エージェントの表示名、アイコンを更新したり、詳細設定を変更したりできる場所です。

❷ 生成AI：トピックのトリガーとエンティティ認識方式を設定できます。従来のクラシックの自然言語理解アプローチ（トリガーのフレーズにマッチするかどうかでどのトピックに進むかを認識する）と、マルチインテント検出とより複雑なエンティティ抽出を行うための大規模な言語モデルに基づくアプローチを選択できます。なお、本書執筆時点では、日本語環境はクラシック方式のみ選択可能です。

　また、ここでは、ナレッジソースのコンテンツモデレーション設定を構成することもできます。コンテンツモデレーション設定は、低（創造性重視）、中（バランス重視）、高（正確性重視）の3種類があります。デフォルトは「高」の設定となります。詳細についてはChapter 6を参照してください。

❸ セキュリティ：エージェントの利用エンドユーザーの認証設定（認証の種類と、認証が適用されるかどうか）とWebチャネルのセキュリティを構成することで、Webアプリケーションまたはカスタムアプリケーションの展開も強固に保護できます。

❹ キャンバスを作成しています（編集キャンバス）：トピック編集画面（キャンバス）の表示最適化の設定です。トピック内の定義情報が多い場合、この設定で編集画面の使いやすさを改善できます。

❺ エンティティ：Copilot Studioには、ユーザーの発話の主要な情報（都市、日付、番号など）を特定するのに役立つ多くの事前構築済みエンティティが付属しています。このメニューでは、独自のエンティティまたは正規表現エンティティを定義することもできます。

❻ スキル：エージェントが呼び出すことができる外部Bot Frameworkスキルを登録する画面です。または既存のAzure Bot Service【用語】についても、エージェントのスキルとして使用する方法を構成できる場所です。

Azure Bot Service
用語　Microsoft Azureのクラウドプラットフォーム上で会話型AIボットを構築できる統合開発環境です。

Chapter 3 はじめてのエージェント作成

❼ **音声**：IVR（自動音声応答）に関連する設定です。Azure Communication Services【用語】と組み合わせることで、コールセンターなどで架電があると自動的に音声で案内されるような仕組みを構成することが可能です。

❽ **言語**：エージェントが使用できる追加の言語を設定し、ローカライズできる場所です。

❾ **言語理解**：Azure AI Language【用語】を使って開発およびトレーニングされたカスタム言語モデルを構成できます。構成すると、インテント（意図の理解）検出用の自然言語理解モデルが実質的に置き換えられ、エンティティの検出と抽出を置き換えることもできます。

❿ **コンポーネントコレクション**：再利用可能なエージェントコンポーネント（トピック、ナレッジ、アクション、エンティティなど）を集めたコレクションを作成する機能です。この機能により、複数のエージェント間でコンポーネントを共有し、効率的にエージェントを構築することができます。

⓫ **上級**：エージェントのログをApplication Insights（アプリケーションのパフォーマンスや使用状況を監視・分析するサービス）に送信できるように構成する画面、またエージェントのメタデータ（環境ID、テナントID、エージェントのアプリIDなど）を確認できます。

Azure Communication Services
Microsoft Azure上で音声、ビデオ、チャット、テキストメッセージ／SMS、メールなどをすべてのアプリケーションに追加するためのマルチチャネルコミュニケーションAPIを提供するサービスです。

Azure AI Language
Microsoft Azureが提供するクラウドベースのサービスで、テキストの理解や分析に役立つ自然言語処理機能を備えています。

3-2 ドキュメントのアップロード

Copilot Studioは公開Webサイトの検索以外にさまざまなナレッジソースをサポートしています。さらに、ローカルにしかないファイルについてもアップロードするだけで検索できるようになります。

では、早速試してみましょう。お手元のファイルがあればそのままアップロードして検証してみてください。

サポートされているファイル形式は以下のとおりです。

- Word（doc、docx）
- Excel（xls、xlsx）
- PowerPoint（ppt、pptx）
- PDF（pdf）
- Text（.txt、.md、.log）
- HTML（html、htm）
- CSV（csv）
- XML（xml）
- OpenDocument（odt、ods、odp）
- EPUB（epub）
- リッチテキスト形式（rtf）
- Apple iWork（Pages、Key、Numbers）
- JSON（json）
- YAML（yml、yaml）
- LaTeX（tex）

詳細については、以下のオンラインドキュメントを参照してください。

生成型の回答ノードにアップロードされたドキュメントを使用する - Microsoft Copilot Studio

URL https://learn.microsoft.com/ja-jp/microsoft-copilot-studio/nlu-documents#supported-document-types

Chapter 3　はじめてのエージェント作成

　手元に適当なドキュメントがない場合は、東京都のサイトにアクセスし、東京都から発行された資料をダウンロードして検証してみましょう。

発行物｜TOKYOはたらくネット（東京都）
URL https://www.hataraku.metro.tokyo.lg.jp/shiryo/

本書では、「働く人のメンタルヘルスガイド2024」というPDFをダウンロードして検証を進めます。

働く人のメンタルヘルスガイド2024（東京都労働相談情報センター事業普及課発行）
URL https://www.kenkou-hataraku.metro.tokyo.lg.jp/sasshi/mental_health_guide_2024.pdf

　エージェント編集画面で［サポート情報］タブ❶をクリックし、［＋ナレッジの追加］ボタン❷をクリックします（画面3-12）。

▼画面3-12　［＋ナレッジの追加］をクリック

　［ナレッジの追加］画面の［ファイルのアップロード］の下のグレーの部分に先ほどダウンロードしたPDFファイル（mental_health_guide_2024.pdf）をドラッグアンドドロップします（画面3-13）。本書執筆時点では、サポートされているファイルサイズ上限は512MBです。

3-2 ドキュメントのアップロード

▼画面3-13 ファイルのアップロード

　画面3-14を見るとわかるように、再びドラッグアンドドロップすれば複数のファイルをアップロードすることも可能ですが、ここでは1ファイルのみで進めます。[追加] ボタンをクリックします。

▼画面3-14 複数ファイルのアップロードも可能

　ファイルのアップロードが完了したら、[サポート情報] ❶のナレッジ一覧に表示されるようになります（画面3-15）。[状態] 列の表示が [準備完了] ❷になると、エージェントから検索できるようになります。

53

Chapter 3　はじめてのエージェント作成

▼画面3-15　［サポート情報］のナレッジ一覧に表示される

　なお、ファイルを追加したあとは、画面3-15のように、そのファイルの状態が「準備完了」となっていることを確認してください。この状態にならないと、ファイルに含まれる情報がエージェントの回答に反映されません。

> 稼働環境によっては、ファイルの状態が「準備完了」に変わるまで時間がかかることもあるようです。筆者の環境では、「mental_health_guide_2024.pdf」が「準備完了」になるまで15分ほどかかりましたが、もっとかかるケースも想定されます。

　ナレッジに追加したファイルの状態が［準備完了］に変わったら、最後にテストしてみましょう。右側の「エージェントをテストする」というペインで、アップロードしたファイルにある情報をいろいろと検索してみましょう。ここでは、テストウィンドウに「ストレスチェック制度とは何ですか」と質問を入力してみました。すると、エージェントが回答を生成し、参照ドキュメントもリンク形式で付けてくれました（画面3-16）。

> ファイルをアップロードした直後では、テストウィンドウに質問などを入力できない可能性があります。その場合は、「エージェントをテストする」の右側の更新ボタン（⟳）をクリックしてください。

　このように、さまざまな種類のドキュメントをアップロードしていくことで、生成AIを活用したエージェントを簡単に作成できます。

▼画面3-16　エージェントをテストする

3-3　新規トピックの作成

　ここまで主に公開Webサイトとドキュメントアップロードで簡単に生成AIで情報検索できる手順を説明しました。

　Copilot Studioを使ってエージェントを作成する際、重要な要素の1つは「トピック」です。トピックとは、ユーザーがエージェントに対して行う質問や発言に対する応答のシナリオを設定するための単位です。トピックをうまく設定することで、ユーザーとの自然な会話を実現し、より効果的なサポートを提供できるようになります。

　例えば、情報検索の前に、検索したい情報のカテゴリーを選択させるとか、エージェントが回答した後にユーザーに役立ったかどうかのフィードバックをヒアリングするとか、ユーザーから入力された内容に対する適切な会話フローを提供するための一連の流れをトピックとして設定します。

Chapter 3 はじめてのエージェント作成

トピックは主に以下の4つの要素から構成されます。

- **トリガーフレーズ**：ユーザーが入力する可能性のある言葉やフレーズを定義します。これによって、エージェントがどのトピックを使用すべきかを判断します。例えば、「営業時間」「開店時間」「何時から何時まで営業していますか」などのフレーズを登録します。
- **メッセージ**：エージェントがユーザーに送信するメッセージを設定します。これにはテキストメッセージだけでなく、画像やリンクなども含めることができます。
- **条件分岐**：ユーザーの応答に基づいて異なるシナリオに進むための条件を設定します。例えば、ユーザーが「はい」と答えた場合と「いいえ」と答えた場合で異なる応答を設定できます。
- **アクション**：外部のシステムと連携してデータを取得したり、ユーザー情報を更新するなどのアクションを設定します。これにより、よりインタラクティブでダイナミックな会話を実現できます。

ここではまずシンプルなトピックを作成してみましょう。

まず、画面右側に［エージェントをテストする］ペインが表示されている場合は、右上隅の閉じるボタン（［×］）をクリックします。エージェント名（今回の作業例では［エージェント1］の右のタブ一覧で［トピック］❶をクリックして、表示内容を切り替えます（**画面3-17**）。［トピックの追加］❷をクリックし、表示されたメニューから［最初から］❸をクリックします。ここでは、東京都の展望室入室可能時間を案内するトピックを作成していきます。

▼画面3-17　トピックの追加

トピックの作成画面（**画面3-18**）に遷移したら、トリガーフレーズを定義していきます。

▼**画面3-18　トピックの作成画面**

実際に利用するユーザーによって、質問の仕方や使う言葉は変わってくるので、エージェントに学習させるために、5～10件のトリガーフレーズを登録しておくとよいでしょう。ここでは、［展望室の入室可能時間］を追加してみます。ほかにも、以下のようなパターンのフレーズを複数登録することで、エージェントの認識精度を上げることができます。

例　トリガーフレーズの例

展望室の開放時間、展望室の利用可能時間、展望室の開館時間、展望室の営業時間、展望室の訪問可能時間、展望室の開場時間、展望室の利用時間、展望室のアクセス時間、展望室の開場スケジュール、展望室の開放スケジュール

トリガーフレーズを定義するには、まず［フレーズ］の下の［編集］❶をクリックします。右側に［フレーズ認識］パネルが表示されるので、［フレーズの追加］のテキスト入力ボックス❷にトリガーフレーズを入力し、右横の［+］ボタン❸をクリックします（**画面3-19**）。

Chapter 3　はじめてのエージェント作成

▼画面3-19　トリガーフレーズの定義

すると、[トリガー]ボックスの中に、入力したフレーズが追加されます（画面3-20）。

▼画面3-20　トリガーフレーズが追加された様子

　トリガーフレーズを追加したら、これに対応するアクションを追加します。ここでは[メッセージを送信する]というアクションを追加してみます。

　[トリガー]ボックスの下部中央の[＋]ボタン（画面3-20 ❶）をクリックし、表示されたメニューで[メッセージを送信する]をクリックします（画面3-21）。

3-3 新規トピックの作成

▼画面3-21 ［メッセージを送信する］アクションの追加

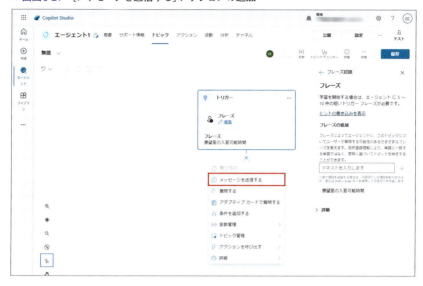

［メッセージを送信する］アクションの本文に、エージェントが回答する内容を入力します。回答内容はなんでもかまいませんが、ここでは東京都庁のサイトから、展望室の入室時間の案内に関する文章を貼り付けました。

展望室のご利用案内｜東京都庁見学のご案内
URL https://www.yokoso.metro.tokyo.lg.jp/tenbou/

▼画面3-22 エージェントが回答する内容を登録

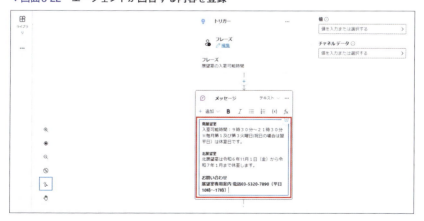

Chapter 3　はじめてのエージェント作成

　最後に、トピック名を変更しておきましょう（**画面3-23**）。左上のトピック名❶にマウスポインタを合わせて編集可能な状態にしてから、「展望室入室可能時間」と入力します。変更を確定するには、Enterキーを押すか、右側の余白をクリックします。

　これまでの操作をすべて保存するために右端の［保存］ボタン❷をクリックします。これで新規トピックの作成は完了です。

▼画面3-23　新規トピックの完成

　トピックの作成が完了したら、画面右側のテストウィンドウでテストしてみましょう。

　テストパネルを表示するには、右上隅の［テスト］❶をクリックします（**画面3-24**）。ここでは「展望室の入室可能時間は？」❷と質問しています。

3-3 新規トピックの作成

▼画面3-24　エージェントのテスト

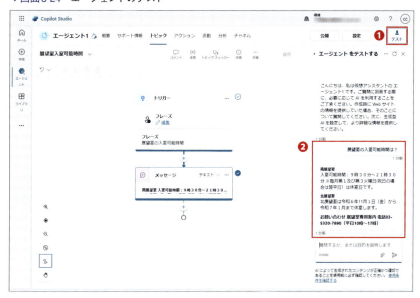

エージェントとの会話をリセットしたい場合は、テストパネルの右上の更新ボタン（↻）をクリックして、エージェントとの会話を最初からスタートさせることができます。

展望室の入室時間について、ほかの表現でも質問を入力してエージェントが正しく回答することを確認してみてください。

3-3-1 》 エージェントが質問を理解できなかった場合の対処

エージェントが質問をうまく理解できなかった場合、正しい回答が得られないことがあります（画面3-25）。この例では「南展望室の入室可能時間は？」と質問しました。

Chapter 3　はじめてのエージェント作成

▼画面3-25　正しくない回答が返された例

> 東京都庁のサイトのコンテンツは常に更新されているので、同じ質問をしても、この画面と同じ回答が返されるとは限りません。本書の例は、正しい回答が得られないこともある参考例としてご理解ください。

　また、画面3-25の例では、参照として表示された資料をクリックすると、そのWebページが新しいブラウザタブに表示されます。その後、エージェントのブラウザタブに戻ると、その左側のトピックが［Conversational boosting］に変わっています（画面3-26）。なぜこういう動きになっているかというと、入力された質問について、エージェントが「展望室入室可能時間」トピックのトリガーフレーズとして認識できず、自動的に［Conversational boosting］トピックが起動されたためです。この［Conversational boosting］トピックを編集すると、エージェントが意味不明と解釈した場合の動作を調整することができます。詳細については、「6-1-3［Conversation boosting］トピック」を参照してください。

3-3 新規トピックの作成

▼画面3-26 ［Conversational boosting］トピックが表示された例

元のトピックに戻るには、画面上部のタブ一覧で［トピック］をクリックし、名前の一覧で［展望室入室時間］をクリックします。

ちなみに、この例の場合はトリガーフレーズに「南展望室の入室可能時間」と追加すると、正しい回答が返るようになりました（画面3-27）。

▼画面3-27 トリガーフレーズの追加で問題が解決した例

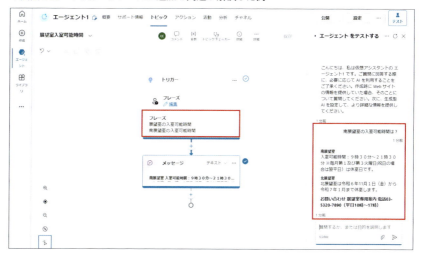

63

Chapter 3　はじめてのエージェント作成

お疲れ様でした！ これで、はじめてのエージェント作成が完了しましたね。

思ったより簡単で楽しかったです。いろんなことができるんですね。

そのとおりです。基本を押さえることで、応用も効くようになりますし、次のステップに進む準備が整いました。

次は何を学ぶんですか？

次の章では、作成したエージェントをどのように公開するかについて学びます。公開することで、実際のユーザーに使ってもらえるようになりますよ。

楽しみです！

Chapter

4

エージェントの公開

Chapter 4 エージェントの公開

本章で学ぶこと

Copilot Studioで作成したエージェントは個人使用でも有効に使えますが、社内向けあるいは社外向けに公開すると、より有効活用できるようになります。本章では、代表的な公開方法について学びます。

本章のポイント

◉ 作成したエージェントを社内向けに公開する
◉ エージェントをウェブサイトで公開する方法を知る
◉ SharePointサイトでエージェントを公開する方法を知る

本章の構成

4-1 Teamsでの公開
4-2 サイトでの公開（デモサイト）
4-3 SharePointサイトへの埋め込み

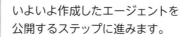
いよいよ作成したエージェントを公開するステップに進みます。

公開するってことは、他の人も使えるようになるんですね？

そのとおりです。エージェントを公開することで、実際のユーザーがはじめくんが作成したエージェントと対話できるようになりますよ。

具体的には何をするんですか？

今回は公開のための設定や準備、そして公開手順を詳しく説明していきます。これで、はじめくんのエージェントが実際に使われるようになります！

ワクワクします！早く公開してみたいです。

Chapter 4 エージェントの公開

4-1 Teamsでの公開

まず、作成したエージェントをTeamsで利用できるように公開します。

Copilot Studioで作成したエージェントをTeamsチャネルに公開することで、業務効率が向上し、情報を一元的に管理できるようになり、コミュニケーションの質も向上するなど、さまざまなメリットが期待できます。

それでは、早速公開してみましょう。

Copilot Studioの編集画面で［チャネル］タブを開き、利用できるチャネルを確認します（画面4-1）。

> 画面サイズによって［チャネル］タブが折りたたまれている場合があります。タブの末尾の数字の部分をクリックすると、折りたたまれたタブを展開できます。

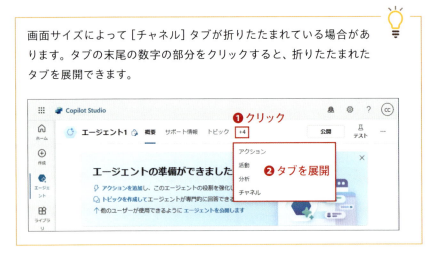

デフォルトでは、新規作成したエージェントはMicrosoft認証の設定となるため、デフォルトで［Microsoft Teams］チャネルにエージェントを公開できます。認証方式を変えることで、他のチャネルでも公開できるようになりますが、ここではまずTeamsチャネルに公開してみましょう。

4-1 Teamsでの公開

▼画面4-1 チャネル一覧

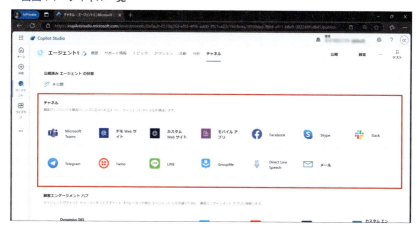

　Teamsチャネルに公開する前に、エージェントを公開する必要があります。編集画面右上の［公開］ボタン❶をクリックします（画面4-2）。公開するかどうかを尋ねる画面が表示されたら、［公開する］ボタン❷をクリックします。

▼画面4-2 ［公開する］ボタンのクリック

Chapter 4　エージェントの公開

　正常に公開されると、編集画面の［公開済みエージェントの状態］の欄に正常終了した旨を記述したメッセージが表示されます（**画面4-3**）。

▼**画面4-3　正常に公開された**

　次に、［チャネル］画面に戻り、［Microsoft Teams］❶をクリックし、画面の右側に表示されたパネルの［Teamsを有効にする］ボタン❷をクリックします（**画面4-4**）。

▼**画面4-4　Teamsを有効にする**

　「チャネルが追加されました」❶というメッセージが表示されたら、［エージェントを開く］❷をクリックします（**画面4-5**）。

4-1 Teamsでの公開

▼画面4-5　エージェントを開く

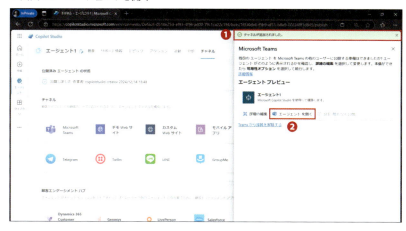

新しいブラウザタブが開き、「このサイトは、Microsoft Teamsを開こうとしています。」というタイトルのダイアログが表示されます（画面4-6）。ここでは［キャンセル］をクリックします。

▼画面4-6　Microsoft Teamsを開く（キャンセルする）

Chapter 4 エージェントの公開

　今回のCopilot Studioを作ったテナントと同じテナントで開きたいので、ブラウザでTeamsを開きます。ただし、この操作の前に次の注意を必ずお読みください。

> ここではデスクトップアプリ版のTeamsとWeb版のTeamsのどちらも選択できるようになっていますが、すでにデスクトップアプリ版のTeamsに他のアカウントでログインしている場合、アカウントの切り替えなどの対応が必要となります。操作が煩雑になるので、**本書ではWeb版で作業を進めています。**
>
> 逆に、ふだんWeb版を使っている場合や、過去にWeb版を使ったことがある場合はサインインの設定が残っている可能性があり、アカウントの切り替えが必要になります。次の操作を行う前に新規ブラウザタブでTeamsを開き、サインアウトしてください。サインアウトが完了したら、続いて、本書のテスト用アカウントでサインインし直します。アカウントの切り替えがうまくいかない場合は、サインアウトとサインインを再度試してみてください。アカウントの切り替えが発生しないように、ブラウザのInPrivate（インプライベート）ウィンドウの使用、もしくは別のブラウザの利用も推奨されます。

　準備ができたら、［代わりにWebアプリを使用］をクリックします（**画面4-7**）。

▼**画面4-7**　Web版のTeamsを使用

　Teamsアプリが起動し、作成したエージェントを追加する画面が表示されたら、［追加］ボタンをクリックします（**画面4-8**）。エージェントが正常に追加さ

れた旨を表示するダイアログが表示されたら［開く］ボタンをクリックして、ダイアログを閉じます（画面4-9）。

▼画面4-8　エージェントの追加

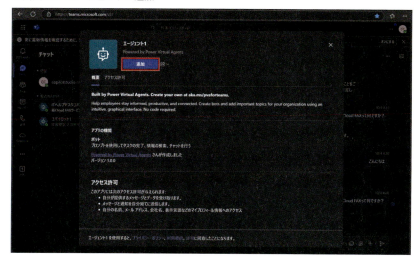

▼画面4-9　エージェントが正常に追加された

　エージェントが追加できたら、もうTeamsからエージェントと会話できるようになります（画面4-10）。試しにChapter 3で作成したトピック「展望室入室可能時間」でテストしてみましょう。Teamsで「展望室の入室可能時間」、「展望室の開場スケジュール」、「展望室のアクセス時間」等の質問を入力してみてください（質問はChapter 3で入力したものと同じものでなくても問題ありません）。トピック内で定義した入室可能時間が回答されれば、エージェントが正常に動作したことがわかります。

Chapter 4　エージェントの公開

▼画面4-10　Teams上でエージェントと会話

> ここまでの操作でエージェントの作成者がTeams上で利用できるようになりました。他のユーザーへ共有するには管理者によるセキュリティ関連の設定が必要です。この設定操作については、本書ダウンロードコンテンツのPDF「Teamsでエージェントを共有するためのセキュリティ設定」にまとめてありますので、必要に応じてダウンロードしてご利用ください。

4-2　サイトでの公開（デモサイト）

次に、Webサイトへの公開も試してみましょう。

Copilot Studioの編集画面の右上にある［設定］ボタンをクリックします（画面4-11）。

▼画面4-11　［設定］ボタンをクリック

4-2 サイトでの公開 (デモサイト)

　［設定］画面が開いたら、［セキュリティ］❶をクリックします（画面4-12）。
右側にセキュリティの設定項目が表示されるので、［認証］❷をクリックします。
［認証なし］❸を選択し、［保存］ボタン❹をクリックします。

▼画面4-12　セキュリティの設定

　［この構成を保存しますか？］というダイアログが表示されたら、［保存］ボタ
ンをクリックします（画面4-13）。認証の設定が終わったら、右上の閉じるボタ
ン（［×］）をクリックして、設定画面を閉じます。

▼画面4-13　セキュリティ設定の認証

　設定の変更が終わったので、ここでもう一度エージェントを公開します。そ
れには、エージェントの編集画面の右上にある［公開］ボタンをクリックし、［こ
のエージェントを公開する］ダイアログで［公開する］をクリックします（画面
4-14）。

75

Chapter 4　エージェントの公開

▼画面4-14　エージェントの状態を公開に変更

続いて［チャネル］タブ❶をクリックして、利用できるチャネルとして［デモWebサイト］❷が増えたことを確認します（画面4-15）。

▼画面4-15　エージェントの公開

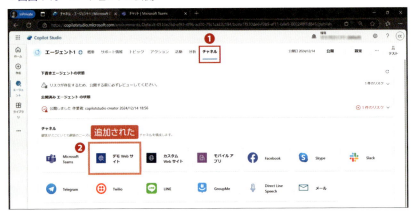

チャネルの［デモWebサイト］❶を選択します（画面4-16）。［デモWebサイト］はインターネットからアクセスすることができ、すぐエージェントを試せるWebサイトになります。これで、デモWebサイトの［ようこそメッセージ］と［会話を切り出す話題］の設定と、デモWebサイトのURLを確認およびコピーできる画面が表示されます❷。メッセージなどを編集した場合は、最後に［保存］ボタン❸をクリックします。

4-2　サイトでの公開（デモサイト）

▼画面4-16　［デモWebサイト］を選択

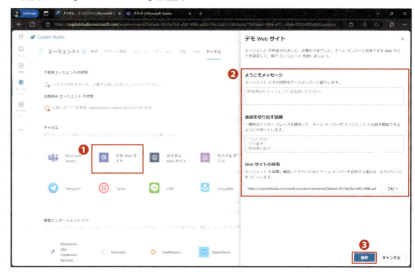

　ここではまず、そのままの内容で、デモWebサイトのURLをコピーして、アクセスしてみましょう。URLをコピーしたら、［キャンセル］ボタンをクリックしてかまいません。
　デモWebサイトのURLにアクセスしたら、エージェントとのチャットウィンドウが表示されます（画面4-17）。いろいろとテストしてみてください。

▼画面4-17　作成したエージェントを試す

77

Chapter 4　エージェントの公開

テストが済んだら、デモWebサイトのブラウザタブは閉じてかまいません。Copilot Studioの編集画面のブラウザタブを開いたままで次に進んでください。

4-3　SharePointサイトへの埋め込み

　SharePointサイトへの埋め込みについても試してみましょう。「SharePoint」は、Microsoftによって提供されているWebベースのコラボレーションプラットフォームです。このプラットフォームは、文書管理、チームコラボレーション、イントラネット、エクストラネット、Webサイトの構築など、さまざまな用途に利用されます。SharePointサイトにエージェントを埋め込むことで、ユーザーはサイト内で直接エージェントと対話し、必要な情報を迅速に得ることができます。これにより、サイトの利用価値がさらに高まり、ユーザーエクスペリエンスの向上を期待できます。

　まず、SharePointサイトへの埋め込み用のコードを確認する必要があります。Copilot Studioの［チャネル］一覧にある［カスタムWebサイト］❶をクリックします（画面4-18）。右側のパネルの［コピー］❷をクリックして既定の埋め込みコードをコピーします。コピーしたら、［カスタムWebサイト］パネルを閉じます。

▼画面4-18　埋め込みコードのコピー

4-3 SharePointサイトへの埋め込み

続いて、SharePointにデフォルトで作成されるサイトにエージェントを埋め込んでいきます。まず、Copilot Studio画面の左上のアプリ起動ツール（⋮⋮⋮）をクリックし、[SharePoint]をクリックします（画面4-19）。

▼画面4-19　SharePointを起動

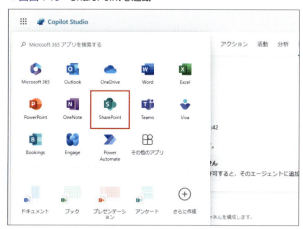

新しいブラウザタブに[SharePoint]が表示されたら、新しいサイトの作成や既存のサイトの編集を始めることができます。本書では[コミュニケーションサイト]というサンプルサイトにエージェントを埋め込みます。

まず、画面上部の検索ボックスで「コミュニケーションサイト」を検索します。ヒットしたらその項目をクリックします。「コミュニケーションサイト」が見つからなかった場合は「Communication site」を検索し、ヒットしたらその項目をクリックします（画面4-20）。なお、本書の作業を進めていくうえで、このサンプルサイトの名前自体は重要ではありませんので、本文や画面例のサイト名を適宜読み替えながら作業を進めてください。

> どちらのキーワードで検索してもヒットしない場合は、Chapter 5の5-1節「SharePoint Onlineサイトの構築とドキュメントのアップロード」の説明を参考に新しいサイトを作成してから、以下の手順を参考にしてそのサイトにエージェントを埋め込んでください。

Chapter 4　エージェントの公開

▼画面4-20　サンプルサイトを検索して開く

［コミュニケーションサイト］ページが開いたら、ページタイルの下にある［編集］ではなく、その下の行の右端にある［編集］をクリックします（画面4-21）。

▼画面4-21　ページの編集を開始

4-3　SharePointサイトへの埋め込み

　ここでは、上部の［画像］セクションのすぐ下（［ニュース］セクションの上）にエージェントのチャットウィンドウを配置することにします。
　まず、その位置に新しいセクション作成します。［画像］セクションの下部中央の ⊕ にマウスポインタを合わせて［セクション］❶をクリックし、［1段組み］❷をクリックします（画面4-22）。

▼画面4-22　セクションを追加

　続いて、新しいセクションの上部中央（先ほどクリックした［＋］の少し下）にマウスポインタを合わせて ⊕ にアイコンが表示されたらクリックし、メニューが表示されたら下方向にスクロールし❶、［埋め込み］❷をクリックします（画面4-23）。

▼画面4-23　［埋め込み］パーツを挿入

81

Chapter 4　エージェントの公開

　この後、この埋め込みパーツの中にエージェントの埋め込みコードを貼り付けますが、本書の手順どおりに進めている場合、最初は「許可されていない」という警告メッセージが表示されてしまいます（画面4-24）。

▼画面4-24　「埋め込みが許可されていない」という警告メッセージ

　警告メッセージにあるように、サイトの管理者が「許可されているサイト」の一覧にcopilotstudio.microsoft.comを追加する必要があります。この設定を行うには、現在サインイン中のテスト用アカウントではなく、試用版を取得したときのメインアカウント（画面2-6で設定したもの）を使う必要があります。この手順については、Appendix A「エージェントのコードをSharePointのサイトに埋め込む準備」で説明しています。

> 「copilotstudio.microsoft.com」は、Microsoftが提供するCopilot Studioの公式ドメインです。このドメインを許可ドメイン一覧に追加する理由は、作成したエージェントをSharePointサイトにシームレスに埋め込むためです。この設定を行わない場合、エージェントの埋め込みがブロックされる可能性があり、ユーザーが正常にエージェントを利用できなくなることがあります。

ここから先は、ご自分の都合に合わせて読み進めてください。

- 今回はエージェント埋め込みの操作は省略する場合：
  このまま読み進めてください。
- エージェント埋め込みの操作を実際に進める場合：
  1. 画面左上の［下書きとして保存］をクリックします。
  2. 現在、埋め込みコードはクリップボード内にあるので、デスクトップなどにテキストファイルを作成して開き、その中にペーストして保存しておきます。
  3. Appendix A「エージェントのコードをSharePointのサイトに埋め込む手順」の手順を実行し、copilotstudio.microsoft.comの埋め込みを許可します。
  4. テスト用アカウントでSharePointにサインインし直します。
  5. 閉じている場合はSharePointで［コミュニケーションサイト］を開き直し、ページの［編集］をクリックします（画面4-25）。

▼画面4-25　ページの編集を再開

配置してある［埋め込み］パーツの中の［埋め込みコードを追加］をクリックします（画面4-26）。

Chapter 4　エージェントの公開

▼画面4-26　［埋め込みコードを追加］をクリック

　［埋め込み］ダイアログの［Webサイトのアドレスまたは埋め込みコード］❶に、テキストファイルに保存してあったコードをペーストします。そのまま少し待つと（10秒程度）、パーツの中にエージェントが表示されます（画面4-27）。

　埋め込みコードは次のような形式になっています。エージェントのチャットウィンドウのサイズを調整したい場合は、幅（width）と高さ（height）の設定値を変更してみてください。デフォルトでは幅も高さも「100%」になっています。

```
<!DOCTYPEhtml><html><body><iframe src="https://copilotstudio.microsoft.com/env➡
ironments/enviromentid/bots/botname/webchat?__version__=2" frameborder="0" sty➡
le="width: 100%; height: 100%;"></iframe></body></html>
```

※➡は折り返し記号を表します。

　最後に、右上の［再公開］ボタン❷をクリックします。

4-3 SharePointサイトへの埋め込み

▼画面4-27　エージェントのコードをペースト

SharePointサイトが公開されたら、エージェントのチャットウィンドウでテストしてみましょう（**画面4-28**）。

▼画面4-28　SharePointサイトでチャットウィンドウをテスト

Chapter 4　エージェントの公開

お疲れ様でした！ 無事にエージェントの公開が完了しましたね。

やっと公開できました！ これで他の人も使えるんですね。

そのとおりです。公開することで、実際のユーザーからのフィードバックを得ることもできますし、さらなる改善のヒントにもなりますよ。

Chapter

5

社内用エージェント の作成

Chapter 5 社内用エージェントの作成

本章で学ぶこと

社内向けにエージェントを作成していきます。社内の情報を使って回答します。また、独自の情報（ナレッジ）の登録方法についても学びます。データを共有するための基盤として、SharePoint Online を使います。

本章のポイント

- ◉ SharePoint Online サイトの構築方法を知る
- ◉ SharePoint にデータをアップロードして Copilot Studio で使えるようにする
- ◉ Copilot Studio にナレッジを登録する方法を知る

本章の構成

5-1 SharePoint Online サイトの構築とドキュメントのアップロード

5-2 Copilot Studio のナレッジへの登録

はじめてのエージェントを作成して、なんとなくエージェント作成のイメージがつかめました！

いいですね！ 次は会社内に閉じたサイトをもとにエージェントを作ってみましょう！

Chapter 3「はじめてのエージェント作成」のエージェントとどう違うんですか？

Chapter 3で作ったのは、外部に公開された情報から回答するエージェントでしたが、これからは社内にしかない情報を使って回答するエージェントを作ります！

そういえば、Copilot Studioの良さは、社内で扱う情報を、セキュリティを担保しながら扱うことができることでしたね！

そうです！ Copilot Studioの良さを生かしたエージェントを作成してみましょう！

Chapter 5　社内用エージェントの作成

では、これから社内の情報をもとにしたエージェントを作成していきます。

今回はよくある、社内のITヘルプデスクのシナリオでエージェントを作成してみましょう。組織内から寄せられるIT関連の要望や質問に対応する人材の代わりにエージェントで対応できるようにします。

今回、社内のIT系の情報をSharePoint Online内のサイトやドキュメントに集約しているとします。SharePoint Onlineは企業向けのコラボレーションおよびドキュメント管理プラットフォームです。ここに蓄積されたデータをもとに回答をさせたいときに、本章で紹介する方法を使うことができます。つまり、SharePoint Onlineに蓄積したデータに基づいてエージェントが回答するように設定できます。

そうした使い方をするため、Chapter 2「環境の準備」で作成したトライアルテナントの中に簡単なSharePoint Onlineサイトを用意することにします。そのあとでCopilot Studioへ追加する手順を紹介します。

5-1 SharePoint Onlineサイトの構築とドキュメントのアップロード

最初に、情報を掲載する社内用のサイトをSharePoint Onlineサイトで作成します。このサイトには、社内のITヘルプデスクで対応する情報を掲載していきます。例えば、社内で導入した新しいサービスのお知らせ、トラブルシューティング時のマニュアル、ネットワーク接続方法ドキュメントなどを用意します。

本章で使うサンプルデータは次の2つです。本書のサポートページ（本書冒頭の「本書のサポートページについて」に記載しているサポートページURLをご確認ください）から事前に参考資料をダウンロードして、Chapter 5フォルダーにある以下のファイルを準備しておいてください。あとでこれらのファイルをSharePointのドキュメントライブラリにアップロードします。

- ネットワークナビマニュアル.docx
- コパスタ社製プリンタートラブルシューティングマニュアル.pptx

5-1 SharePoint Onlineサイトの構築とドキュメントのアップロード

　これからSharePoint Onlineサイトで、社内で導入した新しいサービスのお知らせを作っていきます。

　Copilot Studioのホームページにアクセスします。

Microsoft Copilot Studio
URL https://copilotstudio.microsoft.com

　画面左上のアプリ起動ツール（⋮⋮⋮）❶をクリックし、［その他のアプリ］❷をクリックします（画面5-1）。

▼画面5-1　その他のアプリ

　［アプリへようこそ］ダイアログが表示されたら、閉じるボタン（［×］）をクリックしてウィンドウを閉じます（画面5-2）。

Chapter 5 社内用エージェントの作成

▼画面5-2 ［アプリへようこそ］ウィンドウ

アプリ一覧から［SharePoint］をクリックします（画面5-3）。

▼画面5-3 アプリ一覧から［SharePoint］をクリック

［SharePointスタートページへようこそ］ウィンドウが表示された場合、閉じるボタン（［×］）をクリックしてウィンドウを閉じます（**画面5-4**）。

▼画面5-4　［SharePointスタートページへようこそ］ウィンドウ

新しくITヘルプデスク用のサイトを作成していきます。画面左上の［＋サイトの作成］をクリックします（**画面5-5**）。

▼画面5-5　サイトの作成

Chapter 5 社内用エージェントの作成

　サイトの種類を選択する画面が表示されます。今回はチームごとの［チームサイト］を選択します（画面5-6）。

▼画面5-6　サイトの種類を選択する

　テンプレートを選択する画面に遷移するので、［ITヘルプデスク］を選択します（画面5-7）。

▼画面5-7　テンプレートを選択する

5-1 SharePoint Onlineサイトの構築とドキュメントのアップロード

　テンプレートのプレビューを確認し、［テンプレートを使用］ボタンをクリックします（画面5-8）。

▼画面5-8　テンプレートを決定

　［サイトに名前を付ける］画面で、サイトの名前など、基本設定を行います（画面5-9）。

❶ ［サイト名］：「ITヘルプデスク」と入力します。
❷ ［サイトの説明］：空白のままで問題ありません。
❸ ［グループメールアドレス］：「IT」と入力します。
❹ ［サイトアドレス］：すでに入力されている値のままにしておきます。

　［次へ］ボタン❺をクリックします。

Chapter 5　社内用エージェントの作成

▼画面5-9　サイトの基本設定

［言語とその他のオプション設定］画面で、プライバシーと言語に関して設定します（画面5-10）。

❶［プライバシーの設定］：［プライベート］を選択します。
❷［言語の選択］：［日本語］を設定します。

設定を終えたら、［サイトの作成］ボタン❸をクリックします。

▼画面5-10　言語とその他のオプションの設定

[サイトの所有者とメンバーの追加] 画面で、サイトにアクセスするユーザーを追加していきます（**画面5-11**）。[メンバーの追加] に追加したいユーザーを入力します。今回は自分だけがアクセスする想定であるため、メンバーを追加せず、そのまま [完了] ボタンをクリックします。

▼画面5-11　サイトの所有者とメンバーの追加

　[サイトのデザインを開始] ダイアログが表示された場合、右上の閉じるボタン（[×]）をクリックします（**画面5-12**）。これでITヘルプデスク用のサイトができあがりました（**画面5-13**）。

▼画面5-12　サイトのデザインを開始

Chapter 5　社内用エージェントの作成

▼画面5-13　ITヘルプデスク用のサイトが完成

次に、サイトの中のページを作成していきます。

画面上部のメニューバーの［新規］❶をクリックし、表示されたメニューから［ページ］❷を選択します（**画面5-14**）。

▼画面5-14　ページの新規作成

［ようこそ］ダイアログが表示された場合、閉じるボタン（[×]）をクリックしてダイアログを閉じます（**画面5-15**）。

▼画面5-15　[ようこそ]ダイアログを閉じる

　ページテンプレートを選択する画面が表示されます（**画面5-16**）。今回は［空白］❶を選択します。［ページの作成］ボタン❷をクリックし、ページの内容を作り込んでいきます。

▼画面5-16　ページテンプレート選択画面

Chapter 5 社内用エージェントの作成

　空白のサイトページが表示されるので、タイトルと説明文を追加していきます。

▼画面 5-17　空白のサイトページ

　「タイトルの追加」（画面 5-17 ❶）と表示されているテキストボックスを 2 回クリックして左端に文字入力カーソルが表示されたことを確認し、「新 FAX サービス「Cloud FAX」利用開始のお知らせ」と入力します（画面 5-18 ❶）。

　「ここにテキストを追加します。」（画面 5-17 ❷）と表示されているテキストボックスに説明文を入れます。今回は「新 Cloud FAX サービスの提供を開始いたしました。2025 年 1 月より、新 Cloud FAX サービスでは、従来の FAX 機を使用することなく、メールツールから FAX を受信・送信することができます。」と入力します（画面 5-18 ❷）。

　［発行］ボタン ❸ をクリックします。

5-1　SharePoint Onlineサイトの構築とドキュメントのアップロード

▼画面5-18　タイトルと説明文の追加

サイトが公開され、次の画面のように表示されます（画面5-19）。

▼画面5-19　サイトの公開

これでサイトの作成は完了しました。次に、ドキュメントのアップロードをします。右側の［他のユーザーがページを見つけられるようにする］パネルを閉じてから次に進んでください。

ページ上部のメニューで［ドキュメント］をクリックします。

101

ブラウザウィンドウの横幅によっては、[ドキュメント]などのメニュー項目が隠れていることあります。その場合は、[…]をクリックすると表示されます。

▼画面5-20　ドキュメントのアップロード1

事前に本書のサポートページからダウンロードしておいた、次の2つのファイルをドキュメントの直下にアップロードします。

- ネットワークナビマニュアル.docx
- コパスタ社製プリンタートラブルシューティングマニュアル.pptx

メニューバーの[アップロード]❶をクリックし、メニューから[ファイル]❷を選択します（画面5-21）。

▼画面5-21　ドキュメントのアップロード2

サンプルファイルを収めたフォルダを選択して、ダウンロードした2つのファイルを選択します（画面5-22 ❶）。

- ネットワークナビマニュアル.docx
- コパスタ社製プリンタートラブルシューティングマニュアル.pptx

[開く]ボタン❷をクリックします。

▼画面5-22 アップロードするファイルの選択

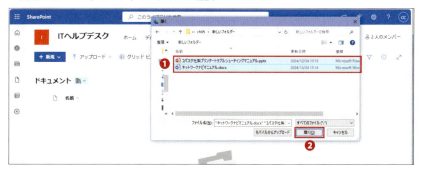

ドキュメントの一覧に2つのファイルがアップロードされたことを確認してください（画面5-23）。

▼画面5-23 ファイルのアップロード完了

ITヘルプデスクサイトのURLをコピーします。

ブラウザのアドレスバーから、サイトのURLを選択し、Ctrl + Cでコピーします。次のようなURLになっています。

> URL https://［ドメイン］.sharepoint.com/sites/IT/Shared%20Documents/Forms/AllItems.aspx

このURLは後ほど、Copilot Studioのナレッジの追加で使うので、忘れないようにメモしておいてください。

Chapter 5 社内用エージェントの作成

▼画面5-24　URLのコピー

5-2　Copilot Studio のナレッジへの登録

　前節でサイトとドキュメントの準備が終わりました。次に、Copilot Studio を使ってナレッジを組み込んでいきます。
　Copilot Studio のホームページにアクセスします。

Microsoft Copilot Studio
URL https://copilotstudio.microsoft.com

　左側のメニューから［作成］❶をクリックします（画面5-25）。続けて、右側のペインから［新しいエージェント］❷を選択し、エージェントの作成を開始します。

5-2　Copilot Studioのナレッジへの登録

▼画面5-25　新しいエージェントの作成

新規エージェントの詳細情報を入力していきます。

❶ ［名前］：「ITヘルプデスクエージェント」と入力します。
❷ ［説明］：空白のままで問題ありません。
❸ ［指示］：空白のままで問題ありません。
❹ ［サポート情報］：エージェントに参照させたいデータソースを指定します。

［ナレッジの追加］ボタン❺をクリックします。

▼画面5-26　新規エージェントの詳細情報

105

［ナレッジの追加］画面では、［SharePoint］を選択します（**画面5-27**）。

▼**画面5-27** ナレッジの追加

［SharePointの追加］画面に切り替わったら、SharePointのサイトを指定します（**画面5-28**）。先ほどコピーしたサイトのURL（103ページ）を［または］の右側のボックス❶に入力してから、「https://［ドメイン］.sharepoint.com/sites/IT/」の後ろを、末尾まで削除します。

最終的に、URLが次のようになっていることを確認してください。

URL https://［ドメイン］.sharepoint.com/sites/IT/

［追加］ボタン❷をクリックします。

▼**画面5-28** SharePointのリンクを入力

5-2　Copilot Studioのナレッジへの登録

元の画面に戻ったら、右下の［追加］ボタンをクリックし、ダイアログを閉じます（**画面5-29**）。

▼画面5-29　SharePointの追加完了

ナレッジの追加ができたので、エージェントの作成を完了します。
画面右上の［作成］ボタンをクリックします（**画面5-30**）。

▼画面5-30　エージェントの作成

これでエージェントの作成が完了しました（**画面5-31**）。

107

Chapter 5 社内用エージェントの作成

▼画面5-31 エージェントの作成完了

　既定では、エージェントはWeb上の一般的な情報を取得して回答してしまいます。今回作成しているエージェントは、社員から寄せられるITについての質問を受け付けるエージェントのため、社内の情報だけをもとにした回答に制限するようにします。

　[ナレッジ]の[AIが備える一般ナレッジの使用をAIに許可します]のトグルボタンをクリックして、この設定を無効にします（**画面5-32**）。これにより、エージェントはWeb上の一般的な情報を使わないようになります。

5-2 Copilot Studioのナレッジへの登録

▼画面5-32　一般ナレッジの使用を無効化1

ダイアログが表示されるので［続行］ボタンをクリックします（画面5-33）。

▼画面5-33　一般ナレッジの使用を無効化2

これで設定完了です。

5-2-1 》 エージェントのテスト

それでは、エージェントをテストしてみましょう。

画面右側のテストウィンドウを使用します。先ほど作成したサイト上にある情報を聞いてみます。

109

Chapter 5　社内用エージェントの作成

まず、「Cloud FAX ?」とチャットウィンドウに入力します（**画面 5-34 ❶**）。続けて、送信ボタン❷をクリックします。

▼画面 5-34　チャットウィンドウで質問

数秒待つと回答が返ってきますので、内容を確認します（**画面 5-35**）。「1 件の参照」の下に表示されたリンクをクリックします。

▼画面 5-35　回答の内容を確認

110

ブラウザに新しいタブが開き、先ほど作成したサイトが表示されます（画面5-36）。このように、サイトの情報をチャットウィンドウでの検索で調べることができるようになります。

▼画面5-36　回答の情報源のサイトを確認

次にPowerPointファイルに記載してある内容を検索できるか確認します。

先ほどと同じ手順で「プリンターへIDを登録する方法は？」とチャットウィンドウ❶に入力し、送信します（画面5-37）。

数秒待つとエージェントから回答が返されるので、回答を確認します。［1件の参照］の下に表示されたリンク❷をクリックし、参照しているデータを確認します。

Chapter 5 社内用エージェントの作成

▼画面5-37　エージェントからの回答を確認

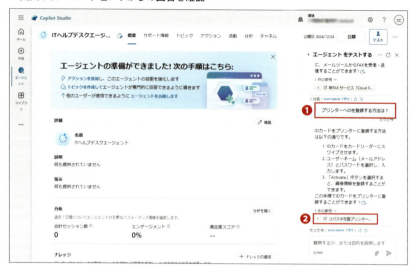

　［このファイルを開きますか？］というダイアログが表示されます（**画面5-38**）。このダイアログには、参照しているファイルの名前が表示され、事前にアップロードした「コパスタ社製プリンタートラブルシューティングマニュアル.pptx」の情報を参照していることがわかります。ダイアログの［開く］ボタンをクリックすると、リンク先のファイルが開き、内容を確認できます。ただし、PowerPointにサインインやサインアウトする必要があるため、手順が煩雑になる可能性があります。この後のリンク先のファイルを開く操作（**画面5-49**まで）については必要に応じて行ってください。

　なお、利用する端末環境によっては、ダイアログが表示されずにファイルがダウンロードされる場合があります。その場合は、ダウンロードしたファイルを直接開いて内容を確認してください。

> この操作は、Microsoft 356のPowerPointがPPTXファイルの既定のアプリとして設定されているマシンで実行することを前提としています。旧バージョン（Office 20XXなど）を使用中のマシンでは正しい情報を使ってもログインができず、先に進まない可能性が高いのでご注意ください。

5-2 Copilot Studioのナレッジへの登録

▼画面5-38　このファイルを開きますか？

ダイアログの［開く］ボタンをクリックすると、PCのローカル環境のPowerPointが起動し、サインインを求めるダイアログボックスが表示されるので、今回のテナントで使っているアカウントの情報（メールアドレスとパスワード）を使ってサインインします。

まず、メールアドレス❶を入力し、［次へ］❷をクリックします（画面5-39）。次のダイアログでパスワード❸を入力し、［サインイン］❹をクリックします（画面5-40）。

▼画面5-39　サインイン1：
　　　　　　 メールアドレスを入力

▼画面5-40　サインイン2：
　　　　　　 パスワードを入力

113

Chapter 5 社内用エージェントの作成

　本書の手順どおりに操作している場合は、このあと［すべてのアプリにサインしたままにする］というダイアログが表示されます（**画面5-41**）。

　ここでは（あとからサインアウトする作業が面倒にならないように）、［組織がデバイスを管理できるようにする］チェックボックス❶をクリックしてオフにしてから、［いいえ、このアプリのみにサインインします］❷をクリックします。

▼画面5-41　サインイン3：オプションを選択

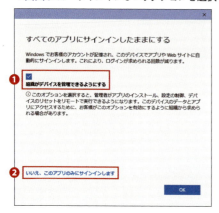

　サインイン処理が正常に終了すると、SharePointのドキュメントライブラリにアップロードした「コパスタ社製プリンタートラブルシューティングマニュアル.pptx」が表示され、この中の情報を参照にしていることがわかります。

5-2 Copilot Studioのナレッジへの登録

▼画面5-42　アップロードしたPowerPoint書類を表示

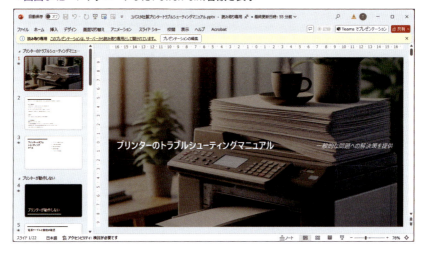

　今回の質問に対する回答はPowerPoint書類の2ページ目の「IDカード登録方法」の項目を参考にしているようです。

　今回はサンプルとして質問を1つしてみましたが、ほかにもこのファイルの情報をもとにした回答を得られるような質問をテストしてみてください。例えば、「社内のプリンターに紙が詰まりました」「プリンターのトラブルについて」などを試してみるとよいでしょう。

▼画面5-43　質問に対する回答のもとになった情報

PowerPoint書類の確認が終わったら、念のため、テナントのアカウントをサインアウトしておくことをお勧めします。これは次のように操作します。

まず、PowerPointのウィンドウの左上隅の［ファイル］をクリックし（**画面5-44**）、画面が切り替わったら、左下の［アカウント］をクリックします（**画面5-45**）。

▼**画面5-44　サインアウト1：［ファイル］メニューをクリック**

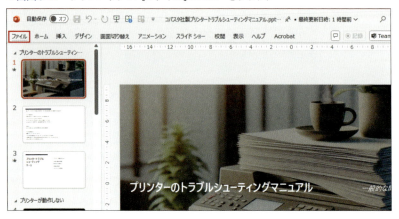

▼**画面5-45　サインアウト2：［アカウント］をクリック**

すると、アカウント関連の各種情報が表示されます。［接続済みサービス］を確認すると、ふだん使っているアカウントに加えて、Copilot Studioのアカウントが2つあり、右端に［削除］リンクが表示されていることがわかります（**画面5-46**）。

5-2 Copilot Studioのナレッジへの登録

　ここで、どちらかの［削除］をクリックすると、両方ともサインアウトされ、ふだんのサインイン状況に戻ります。

▼画面5-46　サインアウト3：[接続済みサービス]

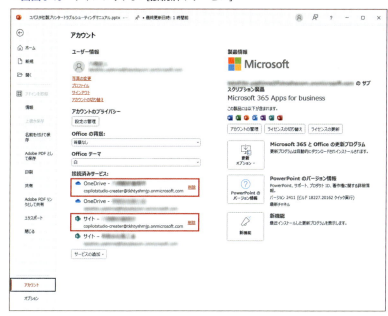

　ただし、本書の操作を何度か繰り返していると、Copilot Studioのアカウントがメインユーザーとして表示されることがあります（画面5-47）。

Chapter 5　社内用エージェントの作成

▼画面5-47　Copilot Studioのアカウントがメインになった例

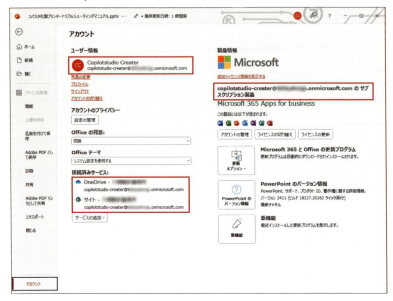

　このような状態になっても、本書の作業だけをしている場合は特に問題ありません。ただし、ふだんの仕事に戻るときは、Copilot Studioのアカウントをサインアウトし、ふだんのアカウントでサインインし直す必要があります。
　Copilot Studioのアカウントをサインアウトするには、［ユーザー情報］の下にある［サインアウト］をクリックします（画面5-48）。

▼画面5-48　Copilotのアカウントがメインになった例

　［Officeからサインアウト］ダイアログで［サインアウト］ボタンをクリックします（画面5-49）。

5-2 Copilot Studio のナレッジへの登録

▼画面5-49 ［Officeからサインアウト］ダイアログ

サインアウト処理は一瞬で完了し、自動的に元のユーザーでサインインした状態に戻ります。

なお、［ユーザー情報］の表示が更新されても、右側の［製品情報］の表示が更新されないことがあります。この場合は、いったんPowerPointを閉じて開き直すと、正しい情報が表示されます。

次に、Wordファイルに記載してある内容を検索できるか確認します。

「ネットワークナビとは？」と画面右側のチャットウィンドウ❶に入力します（画面5-50）。数秒待つと回答が返ってくるので、内容を確認します。

［1件の参照］の下に表示されたリンク❷をクリックします。

▼画面5-50 回答の情報源のWordファイルを確認

すると、［このファイルを開きますか？］というダイアログが表示されます（画面5-51）。この後の操作については、PowerPointファイル「コパスタ社製プリ

119

ンタートラブルシューティングマニュアル.pptx」の検索テストと同様です。［このファイルを開きますか？］というダイアログのメッセージには参照しているファイルの名前が表示され、事前にアップロードした「ネットワークナビマニュアル.docx」の情報を参照していることがわかります。

なお、利用する端末環境によっては、ダイアログが表示されずにファイルがダウンロードされる場合があります。その場合は、ダウンロードしたファイルを直接開いて内容を確認してください。

［開く］ボタンをクリックします（**画面5-51**）。

▼画面5-51　このファイルを開きますか？

ダイアログの［開く］ボタンをクリックしたら、先ほどと同様、PCのローカル環境のWordが起動し、サインインを求めるダイアログボックスが表示されたら、今回のテナントで使っているアカウントの情報（メールアドレスとパスワード）を使ってサインインします（**画面5-52**）。

サインインの詳細な手順については、先ほどのPowerPointの手順を参照してください。作業後に、ふだんのサインイン状態に戻す作業もPowerPointの場合と同じです。

> この操作は、Microsoft 356のWordがDOCXファイルの既定のアプリとして設定されているマシンで実行することを前提としています。旧バージョン（Office 20XXなど）を使用中のマシンでは正しい情報を使ってもログインができず、先に進まない可能性が高いのでご注意ください。

5-2　Copilot Studioのナレッジへの登録

▼画面5-52　PCのローカル環境のWordへのサインイン

　サインイン処理が正常に終了するとSharePointのドキュメントライブラリにアップロードした「ネットワークナビマニュアル.docx」が表示され、この中の情報を参照していることがわかります（画面5-53）。

▼画面5-53　アップロードした「ネットワークナビマニュアル.docx」を表示

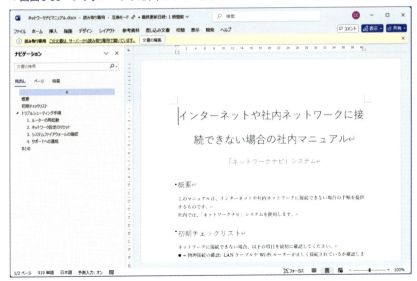

Chapter 5 社内用エージェントの作成

　これまで見てきたように、社内のサイトやドキュメントをもとにした回答をするエージェントを簡単に作成することができます。

　皆さんも身近な社内のサイトを接続して、検証してみてください。なお、Copilot Studioで検索できるSharePoint Online内のコンテンツ形式は以下のとおりです。

- SharePointページ（モダンページ）
- Word文書（docx）
- PowerPointドキュメント（pptx）
- PDFドキュメント（pdf）

> Copilot Studio内の生成AIで回答を生成する機能は、メモリの制限があるため、7MB以下のSharePointファイルしか使用できないので注意してください。7MBより大きいサイズのファイルを使う場合は、ファイルを分割して1ファイル7MB以内にするなどの対応が必要になります。Appendix C「トラブルシューティング」も併せてご覧ください。

　このエージェントを社内で使うために公開する方法については、Chapter 4を参考にしてください。

　社内用エージェントを公開する場合、Teams上で展開するケースがよくあります。Teamsで公開したときは、次の画面のようにしっかり回答が返ってきます（**画面5-54**）。

▼**画面5-54　エージェントを社内で使用**

ただし、SharePointをナレッジに登録した場合、基本的には社内での利用にとどまります。認証なしで公開できる、Webサイトやほかのサービスに公開するとエラーになります（画面5-55）。セキュリティの観点から、チャネルにログインしているユーザーの権限を参照して、接続先のSharePointの情報を取ってくるため、認証はオンにした状態で使いましょう。なお、認証はデフォルトではオンになっています。

▼画面5-55　エラーの様子

Chapter 5　社内用エージェントの作成

Copilot Studioを使って、社内のドキュメントやサイトの情報を参考にして回答するエージェントが簡単に作成できました！

お疲れ様でした！ どうでしたか？

セキュリティが気になる社内の情報も、安心に扱うことができるのがいいですね！

そうですね。やはり、社内のごちゃごちゃした情報に対する質問を受けてくれるエージェントは需要が高いので、ぜひ今回の内容を参考にして実際のエージェントを作ってみてくださいね！

Chapter

6

エージェント開発の実践
（基本）

Chapter 6　エージェント開発の実践（基本）

本章で学ぶこと

エージェントの作成について慣れてきたところで、ここからは実務で役立つ機能について学びます。トピック作成はエージェントの基盤となるのでじっくり取り組んでください。そのほかに、作業の省力化に貢献するPower AutomateやAI機能についても解説します。

本章のポイント

- トピックの作成方法と実務への応用について学ぶ
- Power Automateを用いた自動化手法を知る
- AI Builderを使ったエージェントの機能拡張について知る

本章の構成

6-1　トピック作成の実践
6-2　Power Automateとの連携
6-3　AI Builderを使った拡張

エージェントの基本的な機能と設定方法はだいぶ理解できました！

素晴らしいですね！
次はエージェントの開発実践に進みましょう！

具体的にはどんなことが学べるんですか？

この章では、トピック作成の実践から始めて、Power Automate との連携や AI Builder を使用した拡張について学びます。

いろいろな連携方法が学べるんですね！

そうです！ これらの連携を学ぶことで、エージェントの機能をさらに拡張し、より複雑なシナリオに対応できるようになります。

なるほど！ さらにエージェントを強化できますね。

そのとおりです！
では、さっそく応用実践に取り組んでみましょう！

Chapter 6 エージェント開発の実践 (基本)

　では、これから実践的なエージェント開発に取り組んでいきましょう。本書では前章で作成した社内ITヘルプデスクのエージェントを改造して、より多くのことに対応できるように仕上げていきます。まずは「トピック作成の実践」からです。

> Copilot Studioを閉じている場合は、Copilot Studioのホームページで [ITヘルプデスクエージェント] をクリックして開いてから先に進んでください。

6-1 トピック作成の実践

　トピックとは、ユーザーがエージェントと対話する際の具体的な会話の流れやシナリオのことです。トピックは、一般的な質問や特定のタスクに対応するために設定します。これにより、ユーザーが求める情報やサービスを迅速に提供することが可能となります。
　トピックには「システムトピック」と「カスタムトピック」の2種類があります。画面6-1はITヘルプデスクエージェントの [トピック] タブの画面です。カスタムトピックとシステムトピックはデフォルトで何件か存在していることがわかります。

▼画面6-1　トピックの種類

［トピック］タブでは、2種類のトピック（システムトピックとカスタムトピック）を確認、新規作成、編集を行うことが可能です。またトピックの有効・無効も設定できます。

システムトピックは、Copilot Studioにデフォルトで用意されているトピックです（画面6-2）。システムトピックは、エージェントがどのように会話を進行させるかを定義する重要な要素です。これらのトピックは、ユーザーとのインタラクションをスムーズかつ効果的に行うための基本的な枠組みを提供します。

▼画面6-2　デフォルトで用意されているシステムトピック

システムトピックを効果的に編集することで、エージェントの応答品質を高め、ユーザー体験を向上させることができます。次に、よく利用するシステムトピックについて説明します。

このあとトピックを編集していきますが、基本的な操作方法は次のとおりです。

- **トピックを開く**：トピック名をクリックします。
- **トピックを保存せずに閉じる**：エージェント編集画面の上部の［トピック］をクリックします。これでトピックの一覧画面に戻ります。
- **トピックを保存する**：トピック編集画面の右上隅にある［保存］をクリックします。

6-1-1 》 ［会話の開始］トピック、［会話の終了］トピック

［会話の開始］トピックには、エージェントがユーザーと行う最初のやり取りを定義します。例えば、挨拶や自己紹介、ユーザーのニーズを確認するための質問などが含まれます。

［会話の開始］トピックを開くと、シンプルに会話のトリガーとメッセージの2つのノードで構成されています（画面6-3）。メッセージには、最初のエージェントの挨拶と自己紹介が入っています。エージェントを利用するユーザーに伝えたい情報や注意事項などがある場合は、［会話の開始］トピックを編集するのが一般的です。

▼画面6-3　［会話の開始］トピック

次に［会話の終了］トピックを見ていきましょう（画面6-4）。［会話の終了］トピックでは、ユーザーが必要な情報を得たあとや、会話を終了するタイミングを適切に判断するためのガイドラインを提供します。これにより、ユーザーはスムーズに会話を終了し、必要に応じて次のステップに進むことができます。

［会話の終了］トピックを開いてみると、［会話の開始］トピックよりも少し複雑な構成になっています。［会話の終了］トピックは次のような要素で構成されています。

6-1 トピック作成の実践

　まず、ユーザーに対してフィードバックを求めます。ユーザーに対して「この回答でよろしいでしょうか」と尋ね、「はい」と回答した場合は [CSAT質問]（満足度を1～5の星で回答）を行い、最後に [他に何かお手伝いできるか？] を質問して新しい会話を開始するか、会話を終了するかを分岐させます。

▼画面6-4　[会話の終了]トピック

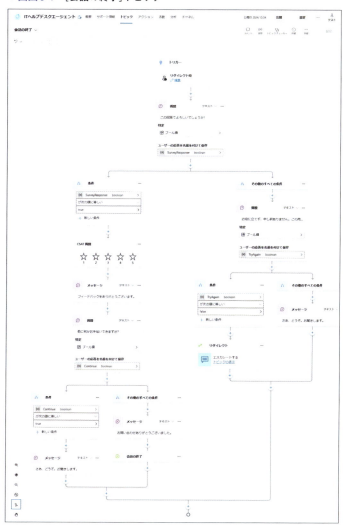

「この回答でよろしいでしょうか」という質問に「いいえ」と回答した場合は、「お役に立てず、申し訳ありません。この用件をやり直しますか？」という質問をして、ユーザーが「はい」と回答した場合は再度エージェントとの会話をやり直します。「いいえ」と回答した場合は、［エスカレートする］というトピックに遷移します。

このように［会話の終了］トピック内でユーザーのフィードバックに応じて、処理を分岐させます。このトピックを適切に構成することで、ユーザーは満足感を持って会話を終えることができ、次回の利用意欲も高まるでしょう。

6-1-2 》 ［エスカレートする］トピック

次に［エスカレートする］トピックについても見てみましょう。

［エスカレートする］トピックは、ユーザーがエージェントとの対話で問題解決ができなかった場合に、人間の担当者にエスカレートするためのバックアッププランのようなものです。実際にDynamics 365 Customer Service[用語]という製品と連携することによって、Dynamics 365 Customer Serviceを利用するオペレーターやエージェント担当者にエスカレーションし、リアルタイムのチャットやビデオ通話を実施することができます。またリアルタイムでの対応が不要な場合、担当者につなげるためにTeamsやメールに送信するようにカスタマイズすることも可能です。

［エスカレートする］トピックを開いてみると、トリガーとメッセージ送信を行う2つのノードのみで構成されていることがわかります（画面6-5）。

どのタイミングでエスカレーションするか、構成を考える必要があります。例えば、ユーザーが特定のキーワードを入力したり（例：エスカレーションしたい、担当者に直接会話したいなど）、問題が解決しないまま一定の回数ループした場合に、この［エスカレートする］トピックがトリガーされるように構成します。このトリガーが作動すると、エージェントはエスカレーションプロセスを開始します。エスカレーションプロセスでは、必要に応じてユーザーに対

Dynamics 365 Customer Service
用語 | Microsoftが提供する包括的な顧客サービスソリューションです。これを利用することで、企業は顧客からの問い合わせや問題を一元管理し、迅速かつ的確に対応することが可能になります。

してエスカレーションのプロセスを説明し、必要な情報を収集します。例えば、ユーザーの名前や連絡先、問題の詳細などを入力させて、あとで人間の担当者がスムーズに対応できるようにします。次に、収集した情報をもとに、適切な担当者やチームに転送することも可能です。これには、Power Automateのクラウドフロー（クラウドフローについては6-2節で詳しく解説します）を通じて内部のシステムや外部のCRM（顧客関係管理）システムと連携することもできます。最終的に、ユーザーにはエスカレーションが成功したことを通知し、担当者からの連絡を待つよう案内して対応を終了させます。

▼画面6-5　［エスカレートする］トピック

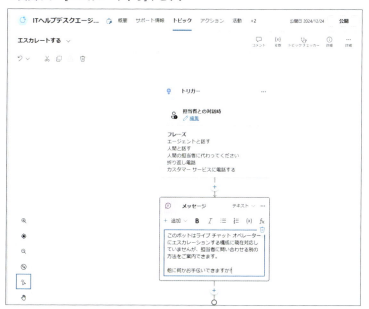

このように、［エスカレートする］トピックは、エージェントの限界を認識し、ユーザーに対してより高度なサポートを提供するための重要な要素です。ユーザー体験を向上させ、問題解決の効率を高めるために、このトピックの設定をしっかりと行うことが求められます。

Chapter 6 エージェント開発の実践 (基本)

6-1-3 》 [Conversation boosting] トピック

最後に [Conversation boosting] トピックについて説明します。これは、エージェントがユーザーの意図を理解できなかった場合に使われるシステムです。エージェントが適切な応答を提供できない場合でも、ユーザーに対して有用な情報や次のステップを提案することで、会話を中断させずに続行することを目的としています。これにより、ユーザーは自分が適切なサポートを受けていると感じることができます。

[Conversation boosting] トピックを開いてみると、[意図不明時] というトリガーがあります (**画面6-6**)。このトリガーはエージェントがユーザーの入力した内容について何の話なのかを最初に判断しようとするときに、マッチするトピックがあればそのトピックに流れるようにコントロールします。ユーザーのリクエストに応答できるトピックがない場合はこの [意図不明時] トリガーが起動して、[Conversation boosting] トピック内の処理が実行されて、[生成型の回答を作成する] アクションが実行されます。そして、デフォルトで登録されている、すべてのナレッジソースに対して検索を行って、情報を探してきます。

▼**画面6-6** [Conversation boosting] トピックの [意図不明時] トリガー

6-1 トピック作成の実践

　Chapter 5で作成した社内ITヘルプデスクのエージェントが、ナレッジソースにSharePointサイトを登録しただけで関連情報を取得できるようになったのは、実は［Conversation boosting］トピックが動作したからです。

　Chapter 5で作成した社内ITヘルプデスクのエージェントを再度テストしてみましょう。いったんトピック一覧の画面に戻ってから、「Cloud FAX？」❶と質問すると、「新しいCloud FAXサービスは、2025年1月より提供を開始しました。このサービスでは、従来のFAX機を使用することなく、メールツールからFAXを受信・送信することがきます」❷という回答が返ってきました（**画面6-7**）。

　テストパネルでチャット内容をクリックすると、関連するトピックが自動的に開くようになっています。試しに上の質問の回答の箇所❷をクリックすると、関連トピック［Conversation boosting］が表示されて、［生成型の回答を作成する］アクション❸が実行されて、そのアクションの右側にチェックマーク❹が付いているのが確認できます（**画面6-8**）。

▼画面6-7　生成型の回答を作成する1

135

Chapter 6 エージェント開発の実践 (基本)

▼画面6-8 生成型の回答を作成する2

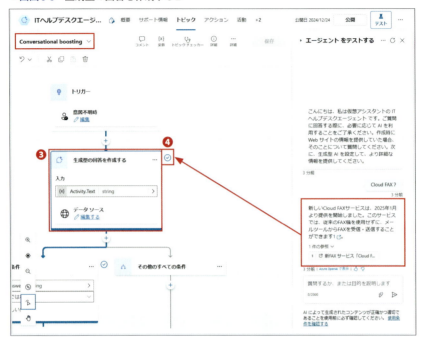

　このように、デフォルトの［Conversation boosting］トピックではエージェントが理解できないリクエストがあった場合、自動的に生成AI機能を使ったナレッジ検索をしてくれます。関連する情報があったら、回答して終了しますが、例えば、ここで［会話の終了］トピックに転送する処理を追加して、回答のフィードバックを求めるように改造することもできます。ここで改造してみましょう。

　［Conversation boosting］トピックの［条件］の下にある［＋］アイコン❶をクリックして、［トピック管理］❷→［別のトピックに移動する］❸→［会話の終了］トピック❹を選択します（画面6-9）。このあとテストするので、ここでいったんトピックを保存しておきます。

136

6-1 トピック作成の実践

▼画面6-9 ［会話の終了］トピックの追加

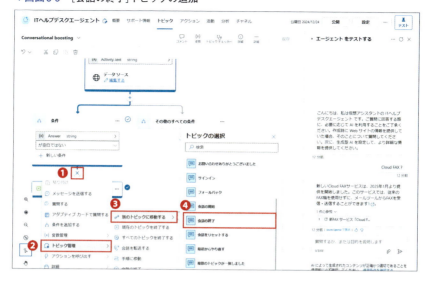

もう一度テストしてみましょう。試しに先ほどと同じ「Cloud FAX？」❶と質問してみると、エージェントが回答してくれたあとに、［この回答でよろしいでしょうか？］❷と確認を求めてくれるようになりました（画面6-10）。

▼画面6-10 ［会話の終了］トピックを追加した効果

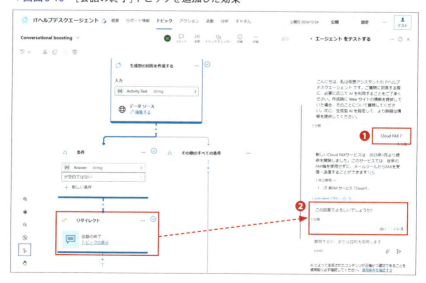

6-1-4 [フォールバック]トピック

逆に回答が見つからない場合はどうなるのでしょうか？

テスト方法としては、登録されているSharePointサイトなどのナレッジソースにない内容で質問します。例えば「FAX機器について教えてください」と質問すると、「申し訳ございません、お問い合わせ内容を理解できません。別の言い方をお試しください。」というメッセージが返ってきます（画面6-11）。このメッセージをクリックすると、次に説明する［フォールバック］というトピックに遷移して、このトピックが動いたことがわかります（画面6-12）。

つまり、［フォールバック］トピックはエージェントが生成AI機能でナレッジ検索しても情報が見つからない場合に起動します。当該トピック内で追加の対応策をユーザーに提案して、ユーザーのフラストレーションを軽減することが可能です。デフォルトでは他の言い方を試すように促していますが、他の情報（例えば関連サイトのリンクなど）を提示したり、他の生成AIのサービスに接続して情報検索したり（例えばAzure OpenAI Serviceで構築したAIモデルなど）するような処理を追加することで、もっと効果のあるサポートを提供できます。

▼画面6-11　別の言い方をお試しください

6-1 トピック作成の実践

▼画面6-12 ［フォールバック］トピック

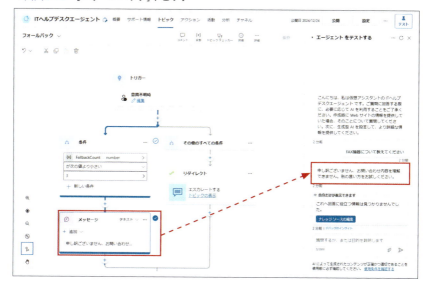

ここまで、よく利用されるシステムトピックについて説明しました。

一方、カスタムトピックは、ユーザーが自身のビジネスニーズや特定のシナリオに合わせて作成するトピックです。これらのトピックには、一般的な挨拶、よくある質問、基本的な対話パターンのサンプルトピックが含まれています。これらのサンプルトピックは、エージェントの基本機能がカバーされているため、トピックを作成するにあたりとても参考になる要素です。カスタムトピックを作成することで、エージェントがよりパーソナライズされた対応を提供できるようになります。例えば、特定の商品の在庫確認や予約システムの運用など、異なる要件に合わせた対話を設定することができます。

6-1-5 》 新規カスタムトピックの作成

それでは、Chapter 5で作成した社内ITヘルプデスクのエージェントをもとに新規カスタムトピックを作成してみましょう。

まずは［FAQ検索］というトピックを作成し、そのトピック内で生成AIがSharePointサイトの特定のフォルダーに対して検索を行うように設定します。そのため、実際にトピック作成する前に、事前準備としてSharePointのドキュ

Chapter 6 エージェント開発の実践（基本）

メントライブラリでフォルダーを作成し、ドキュメントファイルをフォルダーに移動し、さらに、それらのフォルダーをCopilot Studioのナレッジソースに登録します。

Chapter 5で社内ITヘルプデスクエージェントを作成する際に、SharePointのドキュメントライブラリに以下の2つのドキュメントを配置しました（**画面6-13**）。

- ネットワークナビマニュアル.docx
- コパスタ社製プリンタートラブルシューティングマニュアル.pptx

▼画面6-13　SharePointのドキュメントライブラリに格納済みの2つのファイル

このフォルダーを開くには、アプリ起動ツール（⋮⋮⋮）をクリックし、[SharePoint]をクリックします。SharePointのウィンドウで[ITヘルプデスク]をクリックし、上部メニューで[ドキュメント]をクリックします。

この2つのドキュメントを別々のフォルダーに移動します。そのため、新規フォルダーを作成します。

[新規]ボタン❶をクリックして[フォルダー]❷を選択します（**画面6-14**）。[フォルダーの作成]ダイアログの[名前]に「ネットワーク関連」と入力し、[フォルダーの色]で緑色をクリックし、最後に[作成]をクリックします。同様に操作してオレンジ色の「周辺機器トラブル」フォルダーも作成します。

6-1 トピック作成の実践

▼画面6-14　2つのフォルダーの新規作成

画面6-15のように「ネットワーク関連」と「周辺機器トラブル」の2つのフォルダーが作成できたら、ネットワークナビマニュアル.docxを「ネットワーク関連」フォルダーに、コパスタ社製プリンタートラブルシューティングマニュアル.pptxを「周辺機器トラブル」フォルダーに移動します。

▼画面6-15　ファイルをフォルダーに移動

次に、「ネットワーク関連」フォルダーを開きます（画面6-16）。

▼画面6-16　「ネットワーク関連」フォルダー

141

対象ファイルが格納されていることを確認します。次に、「ネットワーク関連」フォルダーのURLをコピーします（**画面6-17**）。このURLはエンコードされているため、このままではCopilot Studioのナレッジソースに登録できません。デコードする必要があります。そのため、任意のURLデコードサイト（"URLデコード"というキーワードでネット検索するとサイトがいくつも見つかります）にアクセスして、コピーしたURLを貼り付けてデコードします。

▼画面6-17 「ネットワーク関連」フォルダーのURLのコピー

デコード前後のURLは次のようになります。今回は2つのURLを処理しますので、デコード後のURLをテキストファイルなどに順次ペーストして保存しておくとよいでしょう。

デコード前（サンプル）

```
https://copilotstudiobook.sharepoint.com/sites/IT/Shared%20Documents/Forms/AllItems.aspx?id=%2Fsites%2FIT%2FShared%20Documents%2F%E3%83%8D%E3%83%83%E3%83%88%E3%83%AF%E3%83%BC%E3%82%AF%E9%96%A2%E9%80%A3&viewid=2751b0d2%2D109e%2D4504%2Dbd45%2Df9b23133a3e4
```

デコード後（サンプル）

https://copilotstudiobook.sharepoint.com/sites/IT/Shared Documents/Forms/AllItems.aspx?id=/sites/IT/Shared Documents/ネットワーク関連&viewid=2751b0d2-109e-4504-bd45-f9b23133a3e4

なお、実際Copilot Studioのナレッジソースに登録するのは上記デコード後のURLの一部です（赤い文字の部分）。最終的に次のようなURLになります。

ナレッジソースに登録するURL

```
https://copilotstudiobook.sharepoint.com/sites/IT/Shared Documents/ネットワーク関連
```

6-1 トピック作成の実践

もう1つの「周辺機器トラブル」フォルダーのURLはこのようになります。

「周辺機器トラブル」フォルダーのURL

> https://copilotstudiobook.sharepoint.com/sites/IT/Shared Documents/
> 周辺機器トラブル

2つのURLのデコードが終わったら、[ITヘルプデスクエージェント]の画面に戻ります。

いま作成した2つのフォルダーのURLを確認して、Copilot Studioにナレッジとして追加します。

[サポート情報]タブ❶をクリックし、続いて[+ナレッジの追加]❷をクリックします（画面6-18）。

▼画面6-18　ナレッジの追加

[ナレッジの追加]ダイアログが表示されたら、データソースの[SharePoint]を選択します（画面6-19）。

▼画面6-19　[ナレッジの追加]で[SharePoint]をクリック

先ほど確認した2つのフォルダーのURLを追加します。それには、[または]の右側のボックス❶にURLをペーストしてボックス右端の[追加]❷をクリッ

143

クする操作を繰り返し、最後にダイアログ右下の［追加］❸をクリックします（**画面6-20**）。

▼画面6-20　SharePointのフォルダーを追加

これで、事前準備は終わりです。次に、実際にトピックを作成していきましょう。

画面上部のメニューで［トピック］タブ❶をクリックしてトピック画面に移動します。トピック画面の［＋トピックの追加］❷→［最初から］❸をクリックします（**画面6-21**）。

▼画面6-21　トピックの追加

新規トピックの編集画面が表示されたら、左上のトピック名を［FAQ検索］

に変更します（**画面6-22**）。

▼**画面6-22　トピック名を変更**

次にトリガーを編集します。

［トリガー］ノードの［フレーズ］内の［編集］❶をクリックして、［フレーズの追加］のテキストボックスに「FAQ検索」❷というフレーズを入力して、［+］アイコン❸をクリックします（**画面6-23**）。

エージェント編集画面の右上の［保存］ボタン❹をクリックします。

▼**画面6-23　フレーズの追加**

Chapter 6 エージェント開発の実践（基本）

　ここでトリガーとトリガーフレーズについて、あらためて補足説明しておきます。

　トリガーとは、エージェントが特定のトピックに関する対話を開始するための条件やイベントのことを指します。トリガーは、ユーザーが入力したテキストや特定の行動に基づいて設定されます。例えば、ユーザーが「パスワードをリセットしたい」と入力した場合、このテキストがトリガーとなって、エージェントがパスワードリセットに関連するトピックがあるかを探して、関連トピックがあった場合、該当するトピック内に記載されるプロセスについて案内を開始することができます。

　次に、トリガーフレーズについて説明します。トリガーフレーズとは、特定のトピックをトリガーするためにユーザーが入力する可能性のあるフレーズや単語のことです。これらのフレーズは、エージェントがユーザーの意図を理解し、適切なトピックに誘導するための重要な手がかりとなります。例えば、「アカウントのロックを解除したい」、「ログインできない」、「パスワードを忘れた」などがトリガーフレーズとして設定されることがあります。これらのフレーズをエージェントが認識すると、自動的に関連するトピックの処理が開始されます。

　トリガーとトリガーフレーズを適切に設定することで、エージェントはユーザーの入力に迅速かつ効果的に応答することができ、よりスムーズなユーザー体験を提供できます。トリガーフレーズは可能な限り多くのバリエーションを含めることで、ユーザーの多様な表現方法に対応することが重要です。

　Copilot Studioの新機能として、新しいトピックを認識する機能「生成オーケストレーション」が提供され始めています。この機能を利用すれば、個別のトリガーフレーズを定義しなくても、トピックの説明文言を入力すれば、あとはエージェントが勝手にどのトピックに進むかを判断してくれるようになります。本書執筆時点ではまだ英語環境に限定した形のプレビューとなります。日本語の環境ではまだこの機能を有効にできませんが、将来的に有効化できるようにするために紹介しておきます。

　［設定］画面の左側のメニューの［生成AI］❶をクリックします（画面6-24）。右側のパネルが切り替わると、［クラシック］と［生成（プレビュー）］の2つのラジオボタン❷のオプションがあります。日本語環境では［クラシック］方式が選択されており、トリガーフレーズに登録された文言でトピック認識する方式となっています。

146

6-1 トピック作成の実践

▼画面6-24　生成オーケストレーション機能の設定画面

　トピック作成画面に戻り、トリガーのあとに質問するアクションを追加します。トリガーの下にある［＋］アイコンをクリックして、［質問する］をクリックします（画面6-25）。

▼画面6-25　［質問する］アクションを追加

　［質問する］アクションが追加されたら、以下のように設定を行います（画面6-26）。

- **メッセージ欄❶**：「何の情報を検索したいですか？」と入力します。
- **［特定］❷**：［複数選択式オプション］を選択します。
- **［ユーザーのオプション］❸**：［ネットワーク関連］と［周辺機器トラブル］の2つのオプションを追加します。追加するには、［＋新しいオプション］をクリックし、文字を入力し、Enterキーを押します。

147

- ［ユーザーの応答を名前を付けて保存］：これはユーザー入力した内容を保持するための変数名となります。必要に応じて変数名を変更することができますが、いったんデフォルトのまま進めます。

▼画面6-26　［質問する］アクション

このように設定すると、自動的に条件分岐のノードが追加され、ユーザーが選択した情報カテゴリーに応じて会話が分岐するようになります。分岐条件の判定に前の［質問する］アクションの変数を利用していることがわかります（画面6-27）。

▼画面6-27　条件分岐のノードの追加

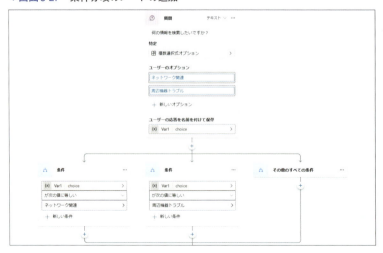

6-1 トピック作成の実践

次に、［ネットワーク関連］と［周辺機器トラブル］のそれぞれの処理を追加していきます。

それぞれの条件ノードの下にある［＋］アイコンをクリックして、［質問する］をクリックします（画面6-28）。

▼画面6-28 ［質問する］をクリック

［質問する］アクションのメッセージ欄には「何の情報をお探しでしょうか？お問い合わせ内容をご入力ください。」のような質問内容を入力します（画面6-29）。

［特定］のところは［ユーザーの応答全体］を選択します。これは、ユーザーが入力した内容をすべて取得するという意味です。

▼画面6-29 ［質問する］アクションの設定

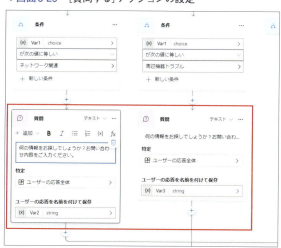

149

2つの［質問する］ノードのあとに、それぞれ［詳細］❶→［生成型の回答］❷を追加して、ユーザーが入力した内容をもとに、準備した2つのフォルダーに検索を行えるようにします（**画面6-30**）。

▼画面6-30　生成型の回答

［ネットワーク関連］の検索用の［生成型の回答］アクションを、以下のように設定します（**画面6-31**）。

- **［入力］**❶：［質問する］ノードの変数を指定します。指定するには、右端の［>］をクリックし、メニューで目的の変数をクリックします。
- **［データソース］**：［編集する］❷をクリックして、［選択したソースのみを検索する］トグルボタンを有効にして、［ネットワーク関連］のデータソースにチェックを入れます。

▼画面6-31　[生成型の回答]アクション([ネットワーク関連]の検索用)

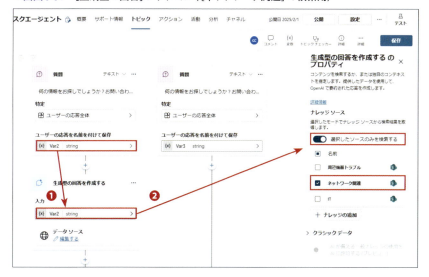

　同じように、[周辺機器トラブル]を検索するための[生成型の回答]アクションも追加します。

　最後に、ユーザーにフィードバックをもらうための設定をしておきます。図6-9と同様に、一番下の[+]をクリックし、[トピック管理]❶→[別のトピックに移動する]❷→[会話の終了]❸をクリックします(画面6-32、画面6-33)。設定作業は以上ですので、トピック編集画面の右上の[保存]ボタン❹をクリックしておきます。

　なお、生成型の回答のアクションに警告メッセージが表示される可能性がありますが、動作に支障はないので、特に気にしなくても大丈夫です。

Chapter 6 エージェント開発の実践 (基本)

▼画面6-32　フィードバックをもらうための設定

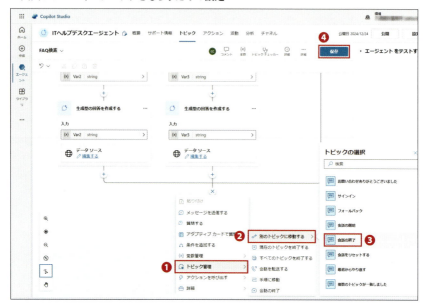

▼画面6-33　[会話の終了]トピックを追加

　それでは実際にテストしてみましょう。
　テストパネルが非表示になっている場合、右上の[テスト]ボタン❶をクリックして開き、リセットボタン❷で新しい会話をスタートします（画面6-34）。

152

6-1 トピック作成の実践

▼画面6-34　テストパネルを表示

テストパネルのチャットウィンドウに「FAQ検索」❶と入力して送信します（画面6-35）。

情報カテゴリーを聞かれたら、[周辺機器トラブル] ボタン❷をクリックします。問い合わせ内容の入力を求められるので、例えば「プリントできない」などの質問を入力して❸、ちゃんと回答を生成してくれることを確認します。回答したあとに、フィードバックも求められます❹。

▼画面6-35　トピック追加の効果をテストする

これで新規作成したトピックのテストも完了です。

このように個別のカスタムトピックを作成して、トピック内でユーザーとのやり取りのアクションを追加し、さらにユーザーのリクエストに応じて処理を

153

分岐させるなど、きめ細かい処理を実装することが可能です。

また生成型の回答について、デフォルトでは［Conversation boosting］トピックですべてのナレッジソースに検索してくれますが、多数のナレッジソースを登録する場合はパフォーマンス的に、精度的にも期待通りの動きにならない場合がありますので、上記のようにカスタムトピック内で対象ナレッジソースを限定したほうがより良い結果が出やすい傾向があります。

6-2 Power Automate との連携

次に、FAQ回答のみならず、ほかに多彩な機能を追加してエージェントを進化させます。ここではPower Automateのクラウドフローとの連携機能について説明します。

Power Automateのクラウドフローは、特定のトリガーをきっかけに自動的に開始され、一連のアクションを実行する自動化ワークフローです。例えば、新しいメールが届いたときに通知を送信したり、スケジュール起動して定期的にデータをバックアップしたりすることができます。

Power Automateのクラウドフローの構成要素は大きく3つあります。

まず、トリガーです。これはフローを開始するきっかけとなるイベントです。例えば、新しいレコードの追加や特定の日付などがトリガーとして設定できます。

2つ目は、アクションです。これはトリガーが発生したあとに実行される一連の操作です。例えば、データベースに新しいレコードを追加したり、他のサービスにデータを送信したりすることができます。複数のアクションを組み合わせて、複雑なワークフローを構築することも可能です。

最後は、コネクタです。これはクラウドフローが他のアプリケーションやサービスと連携するための部品です。Microsoft 365、Dynamics 365、Salesforceなど、多くのコネクタが提供されており、さまざまなサービスとAPI連携ができます。

Power Automateと連携することで、エージェントをさらに強力にし、さまざ

まなタスクやプロセスを自動化できます。例えば、ユーザーがエージェントを通じて特定の情報を入力すると、その情報をもとにPower Automateが自動的に別の処理を実行するように設定できます。これにより、手動で行う必要のあるタスクを自動的に処理できるようになります。例えば、顧客サポートの場面で、問い合わせ内容に応じた自動応答や処理を行うことができるので、迅速かつ適切な対応が可能となります。また、複数のシステム間でデータを連携させる必要がある場合にも、Copilot StudioとPower Automateの連携が非常に役立ちます。

ここでは、実際Power Automateのクラウドフローでユーザーの問い合わせチケットを起票する処理をエージェントに追加してみましょう。

6-2-1 》問合せチケット管理のテーブルの作成

まず事前準備として、Dataverseに問合せチケット管理のテーブルを作成します。

Power Appsのホームページにアクセスします。

Power Apps
URL https://make.powerapps.com/

右上の環境（本書の作業では「<組織名>（既定）」）をクリックして、Copilot Studioで作成したエージェントと同じ環境になっていることを確認します（画面6-36）。同じ環境でない場合は、いったんサインアウトし、再度URLを開き、テスト用アカウントでサインインします。

▼画面6-36　環境を確認する

確認　本書の作業では「<組織名>（既定）」

左側のメニューから［テーブル］❶をクリックします。次に［＋新しいテーブル］メニュー❷の［テーブル（高度なプロパティ）］コマンド❸を使いたいのですが、最初はグレーアウトされていて選択できません（画面6-37上）。またメニューを閉じると、「この環境への現在の特権が不十分であるため、1つ以上のコマンドを使用できません。」というメッセージが表示されていることがわか

ります（画面6-37下）。

▼画面6-37　［テーブル（高度なプロパティ）］が利用できない様子

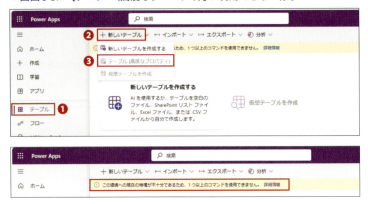

　目的のコマンドが使えるようにするためには、この環境に対する所定の権限をテスト用アカウントに割り当てる必要があります。この割り当て操作については、Appendix B「Power Appsのデータベース作成権限の付与」に記載してあります。Appendix Bを参考にして権限を付与してから、ここに戻って作業を続けてください。

　権限を割り当てたら、再びテスト用アカウントでPower Appsにサインインし、右上の環境を確認します。

　左側のメニューから［テーブル］❶をクリックします。次に［＋新しいテーブル］メニュー❷の［テーブル（高度なプロパティ）］コマンド❸をクリックします（画面6-38）。

▼画面6-38　テーブルの作成

新しいテーブル作成画面が表示されたら、［プロパティ］タブの項目を以下のように設定します（画面6-39）。

❶ ［**表示名**］：「問合せチケット」と入力します。
❷ ［**複数形の名前**］：デフォルトのまま（［表示名］と同じ）で問題ありません。
❸ ［**スキーマ名**］：「inquiry」と入力します。
❹ ［**種類**］：デフォルト（［標準］）のままで問題ありません。

　［表示名］は、ユーザーインターフェースでテーブルが表示されるときに使われる名前です。表示名は、ユーザーがテーブルを識別しやすくするために、わかりやすい名前を付けることが多いです。表示名は、テーブルを作成する際に設定され、あとから変更できます。例えば、顧客情報を格納するテーブルの表示名を「顧客」と設定することで、ユーザーはこのテーブルが顧客に関する情報を含んでいることを簡単に理解できます。

　［スキーマ名］は、システム内部でテーブルを識別するために使用される一意の名前です。スキーマ名は、テーブルの作成時に設定され、あとから変更することはできません。スキーマ名は英数字とアンダースコア（_）で構成されており、他のテーブルと重複しないようにする必要があります。

▼画面6-39　新しいテーブル（［プロパティ］タブ）

Chapter 6 エージェント開発の実践 (基本)

次に、[プライマリ列] タブ❶をクリックして、プライマリ列 (主キー) の項目を以下のように設定します (画面6-40)。

❷ [**表示名**]：「問合せ番号」と入力します。

❸ [**スキーマ名**]：「inquiry_no」と入力します。

❹ [**列の要件**]：デフォルト ([必須項目]) のままで問題ありません。

❺ [**最大文字数**]：「100」に変更します。

[保存] ボタン❻をクリックします。

▼画面6-40　新しいテーブル ([プライマリ列] タブ)

[問合せチケット] テーブルが作成されると、このテーブルのトップ画面に自動的に遷移します。この後、必要な列を作成していきます。[スキーマ] の [列] をクリックすると (画面6-41)、このテーブルの列 (カラム) の一覧が表示されます (画面6-42)。デフォルトでは、[作成者] (Created By)、[作成日] (Created On) などの列が自動的に作成されます。新規レコードが作成される際に、これらの列は自動的に値がセットされます。

158

▼画面6-41　［問合せチケット］テーブルのトップ画面

▼画面6-42　［問合せチケット］テーブルの列（カラム）の一覧

　それでは、1つ目の列を作成してみましょう。

　［＋新しい列］❶をクリックすると、新規列の作成画面が表示されます。次のように設定していきます（画面6-43）。

❷ ［表示名］：「問合せ者」❷と入力します。
❸ ［データの種類］：デフォルト（［1行テキスト］）のままで問題ありません。

Chapter 6 エージェント開発の実践 (基本)

❹ [**書式**]：デフォルト（[テキスト]）のままで問題ありません。
❺ [**スキーマ名**]：「inquirer」と入力します。
❻ [**最大文字数**]：デフォルトの「100」で問題ありません。

[保存] ボタン❼をクリックします。

▼画面6-43　新規列の作成画面

[問合せ者] 以外に、[回答内容]❸、[連絡先メールアドレス]❹、[問合せ内容]❶の列も追加していきます。次のように設定してください（画面6-44）。

6-2 Power Automateとの連携

- ［**表示名**］：回答内容
- ［**データの種類**］：［複数行テキスト］ 設定方法▶右端のボタンをクリックし、［テキスト］→（［複数行テキスト］の下の）［プレーンテキスト］をクリックします。
- ［**スキーマ名**］：answer

- ［**表示名**］：連絡先メールアドレス
- ［**データの種類**］：［電子メール］ 設定方法▶右端のボタンをクリックし、［テキスト］→［電子メール］をクリックします。
- ［**スキーマ名**］：email

- ［**表示名**］：問合せ内容
- ［**データの種類**］：［複数行テキスト］
- ［**スキーマ名**］：inquiry_details

作成後の列一覧は次の画面のようになります。

▼画面6-44　［回答内容］［連絡先メールアドレス］［問合せ内容］の列の追加

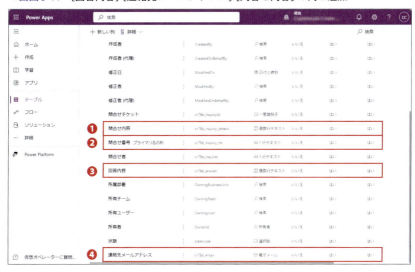

最後にプライマリ列の［問合せ番号］の設定変更を行います。設定変更を行うことで、新規レコードが作成される際に、自動的に問合せ番号が採番される

161

ようになります。

　［列］で［問合せ番号］（**画面6-44❷**）をクリックし、列の編集画面が表示されたら、以下のように設定します（**画面6-45**）。

- ［**データの種類**］：「＃オートナンバー」❶に変更します。
- ［**必須**］：［推奨項目］❷に変更します。
- ［**接頭辞**］：「QA」❸を入力します。
- ［**最小桁数**］：「6」❹を入力します。

　［保存］ボタン❺をクリックします。

▼**画面6-45**　［問合せ番号］の設定変更

　これで事前のテーブル作成の準備は完了となります。

6-2-2 》 新規トピックの作成

　次にCopilot Studioのトピック画面に戻り、新規トピックを作成していきます。先ほどFAQ検索のトピックを中身が空の状態から作成していましたが、今度はもっと簡単にトピックを作成する方法を使ってみましょう。

6-2　Power Automateとの連携

　トピック画面の［＋トピックの追加］をクリックし、［Copilotで説明をもとに作成する］を選択します（画面6-46）。ここで「Copilot」は、作成者を支援するためのエージェントのことを指しています。

▼画面6-46　トピックの追加

　［Copilotで説明をもとに作成する］画面が表示されたら、［トピック名を指定する］のところには「問い合わせ起票」と入力します。
　［トピックを作成する］のところにはトピック内の処理内容を入力します。例えば次のような文言を入力してみましょう。

- ユーザーにお名前、連絡先メールアドレス、問合せ内容について質問します

　入力が終わったら［作成］ボタンをクリックします（画面6-47）。

▼画面6-47　［Copilotで説明をもとに作成する］画面

163

トピック編集画面に遷移すると、[問い合わせ起票]という名前のトピックが自動的に生成されて、トリガーにはいくつかのパターンのフレーズが自動的に追加されます。ユーザーの名前、連絡先メールアドレス、問合せ内容を質問するアクションも自動的に追加されていることも確認できます。

もちろん必要に応じて編集することもできます。ここで1つだけ編集してみましょう。

▼画面6-48　トピックの編集

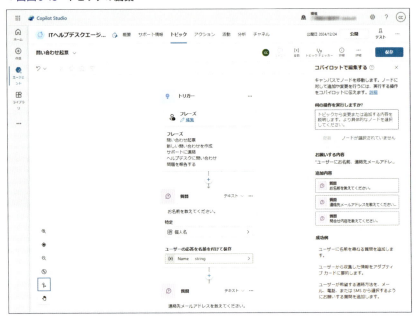

ユーザーの名前を質問するアクションに対して、[特定]の部分を[個人名]から[ユーザーの応答全体]に変更してからトピックを保存しましょう。理由については、次のメモ欄を参照してください。

[特定]の部分を[個人名]にすると、ユーザーが入力した内容から個人の名前を自動的に抽出し、"個人名"というエンティティに格納することができます。例えば、「私の名前はCopilot Studioです」と入力されたら、自動的に「Copilot Studio」が名前として認識されて、変数Nameに保存されます。ただし、本書執筆時点ではこの[個人名]というエンティティは英語の名前のみ認識できるため、ここでは[ユーザーの応答全体]に変更しておくことにします。

▼画面6-49 アクションの[特定する情報の選択]

次に、ユーザーが入力した内容を事前準備した[問合せチケット]テーブルに保存できるようにPower Automateのフローを作成していきます。

トピックの最後に新規ノードを追加します(画面6-50❶)。[アクションを追加する]❷→[新しいPower Automateフロー]❸をクリックします。

Chapter 6 エージェント開発の実践(基本)

▼画面6-50 アクションを選択する

本書の手順どおりに作業している場合(テスト用アカウントで初めてPower Automateにアクセスする場合)、画面6-50で[新しいPower Automateフロー]をクリックすると、次の2つのことが起きます。

1. Copilot Studio編集画面のブラウザタブに[保存して更新する]というダイアログが表示されます(画面6-51)。

▼画面6-51 [保存して更新する]ダイアログ

　➡ このダイアログはPower Automateでの作業が完了してから操作するので、現時点ではそのままにしておいてください。

2. [アカウントにサインイン]というタイトルの新しいブラウザタブが追加されています。
　➡ そのタブに移動してテスト用アカウントでサインインします。

> 一度Power Automateにログインして作業すると、そのあとは**画面6-50**で［新しいPower Automateフロー］をクリックしたときに、Power Automateのブラウザタブが追加されると同時に最前面に表示されます。Power Automateでの作業を終えてCopilot Studio編集画面のブラウザタブに戻ると、［保存して更新する］ダイアログが表示されているので、その時点でダイアログでの操作を行うようにしてください。

　Power Automateにサインインしてから、少し待っていると、自動的にPower Automateのフロー編集画面が表示されます（**画面6-52**）。これを元に新規クラウドフローを作成していきます。

▼**画面6-52　Power Automateに遷移した直後の様子**

　まず、左上のフロー名を［問い合わせ起票フロー］❶に変更します（**画面6-53**）。

　次に、［Copilotからフローを実行する］のノードに注目してください。その名前から、トリガーがCopilotになっていることがわかります。このノードに対して、トリガーに必要なパラメータを追加し、エージェントからそれらのパラメータを受け取れるように定義します。

　［Copilotからフローを実行する］❷をクリックし、左側のパネルで［＋入力を追加する］❸をクリックします。

▼画面6-53　フロー名を変更し、パラメータを追加する

[ユーザーによる入力の種類を選択する] で [テキスト] を選択します (画面6-54)。

▼画面6-54　ユーザーによる入力の種類を選択する

3つのパラメータ [問合せ者] [連絡先メールアドレス] [問合せ内容] を追加していきます (画面6-55 ❶)。パラメータを1つ追加するたびに、リストの下にある [+入力を追加する] ❷をクリックして操作を繰り返します。

▼画面6-55　3つのパラメータを追加する

トリガーを設定したら、次にDataverseのテーブル更新アクションを追加します（画面6-56）。このノードの下にある［+］アイコン❶をクリックし、［アクションを追加する］をクリックすると、左側のパネルが［アクションを追加する］に変わり、コネクタ一覧が表示されるので、その中の［Microsoft Dataverse］コネクタ❷を選択します。

▼画面6-56　アクションを追加する

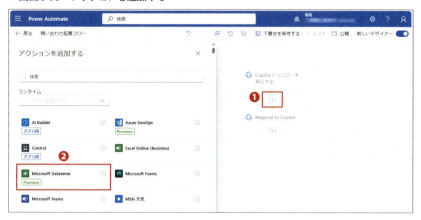

［Microsoft Dataverse］コネクタのアクション一覧が表示されます。そのうちの［新しい行を追加する］というアクションを選択します（画面6-57）。

▼画面6-57　［Microsoft Dataverse］コネクタのアクション一覧

［接続を作成する］画面で［サインイン］をクリックします（画面6-58）。ブラウザのポップアップウィンドウにアカウントの一覧が表示されたら、テスト用アカウントを選択します。

▼画面6-58　新しい行を作成する：サインイン

サインイン処理が済んだら、事前に作成しておいた［問合せチケット］テーブルを選択します。それには、［テーブル名］の右端❶をクリックし、メニューを下方向にスクロースして［問合せチケット］❷をクリックします（画面6-59）。

▼画面6-59　［問合せチケット］テーブルを選択

[問合せチケット]テーブルを選択すると、[新しい行を追加する]パネルの内容が更新され、[詳細パラメーター]という項目が表示されるので、右端の[すべて表示]ボタンをクリックします（**画面6-60**）。

▼画面6-60　［すべて表示］ボタンをクリック

　列の一覧が表示されたら（**画面6-61**）、[問合せ内容][問合せ者][連絡先メールアドレス]の3つの列に値を設定していきます。

▼画面6-61　テーブル内のすべての列が表示された様子

まず、[問合せ内容] のテキスト入力ボックスをクリックすると、ボックスの下に「動的な値や式を挿入するには'/'を押します」と表示されることを確認します (画面6-62)。その状態で「/」キーを押してから❶ Enter キーを押すとメニューが表示されるので、[動的コンテンツを挿入する] ❷をクリックします (画面6-63)。

▼画面6-62　[問合せ内容] のテキスト入力ボックスをクリック

▼画面6-63　「/」キーを押し、[動的コンテンツを挿入する] をクリック

右側に表示された [パラメーター] の一覧で [問合せ内容] をクリックします (画面6-64)。

▼画面6-64　[パラメーター] リストで [問合せ内容] をクリック

6-2　Power Automateとの連携

　同じ要領で、［問合せ者］❶、［連絡先メールアドレス］❷の列にも、対応するパラメーターを設定します（画面6-65）。

▼画面6-65　［問合せ者］［連絡先メールアドレス］にもパラメーターを設定

　［新しい行を追加する］アクションでの設定は以上で終わりです。
　最後に、［問合せ番号］列に適切な値を設定します。この番号は、Dataverseのテーブルに新しい問合せチケットが起票されるときに自動入力されます。ここでは、その問合せ番号をユーザーに知らせるために、「出力パラメーターに問合せ番号を出力し、そのパラメーターをエージェントに戻す」というアクションを設定します。この設定は［Respond to Copilot］アクションに対して行います。
　まず、［Respond to Copilot］アクション❶をクリックし、左側のパネルで［＋出力を追加する］❷をクリックします（画面6-66）。

▼画面6-66　［Respond to Copilot］アクションに出力パラメータを追加

173

［出力の種類を選択する］で［テキスト］をクリックします（画面6-67）。

▼画面6-67　出力パラメータの種類を選択

パラメーター名として「問合せ番号」と入力し❶、値のところには、動的コンテンツを挿入して［問合せ番号］❷を選択します（画面6-68）。

［パラメーター］の一覧に［問合せ番号］が見つからない場合は、［新しい行を追加する　表示数を増やす］という項目をクリックすると表示されます。

▼画面6-68　パラメーター名と値を設定

Power Automateでの［問合せ起票フロー］の作成は以上で終わりです。

最後に、上部メニューの［下書きを保存する］❶をクリックしてフローを保存してから、［公開］❷をクリックします（画面6-69）。

▼画面6-69　フローを保存してから公開

　Power Automateのフローの作成が完了したら、Copilot Studioの編集画面のブラウザタブに戻り、［保存して更新する］ダイアログで［完了］ボタンをクリックします（画面6-70）。

▼画面6-70　［保存して更新する］ダイアログで［完了］をクリック

　［アクションを選択する］パネルが表示されている場合は、右上の［×］ボタンをクリックして閉じてから、再度、［アクションを追加する］❶をクリックします（画面6-71）。いま作成したフロー［問い合わせ起票フロー］❷が［基本アクション］タブに表示されたら、そのフローをクリックします。

Chapter 6 エージェント開発の実践（基本）

▼**画面6-71　問合せ起票フローを選択**

　続いて、Power Automateフローの入力パラメーターと出力パラメーターを設定する必要があります。

　操作方法としては、各パラメーター名の下のボックスの右端（**画面6-72左❶**）をクリックすると［変数を選択する］パネルが表示されるので、目的の変数をクリックします（**画面6-72右❷**）。なお、**画面6-72左**は、この操作を済ませたあとの状態です。

　画面6-72左のように、入力パラメーターの［問合せ者］❸には変数Nameを、［連絡先メールアドレス］❹には変数EmailAddressを、［問合わせ内容］❺には変数Inquiryをそれぞれ設定します。

> 本書の手順では行いませんでしたが、前の質問ノードで変数名を変更した場合、もしくは変数名が異なる場合は、そのトピック内で定義した変数名に変更してください。

176

6-2 Power Automateとの連携

▼画面6-72　Power Automateフローの入力パラメーターの設定

画面6-72左の下部を見るとわかりますが、出力パラメーターの問合せ番号については自動的に変数が設定されます。

出力パラメーターも、必要に応じて変数名を変更してください。

最後に、ユーザーに問合せ番号を知らせるための処理を追加します。

まず、[ノードの追加]アイコン（[＋]）をクリックして[メッセージを送信する]をクリックし、[メッセージ]ノードのテキストボックスに以下のように文言を入力します（画面6-73左）。

- 新規問い合わせチケットは起票されました。問合せ番号はこちらです。

続いて、[変数を挿入する]アイコン❶をクリックし、[変数を選択する]パネルでPower Automateのフローの出力パラメーターである[問合せ番号]❷をクリックして挿入します（画面6-73右）。

177

▼画面6-73　メッセージを入力し、問合せ番号を挿入する

　トピックの作成は以上となります。右上の［保存］ボタンでトピックを保存しましょう。

6-2-3 ≫ トピックのテスト

　「問い合わせ起票」トピックの作成が終わったので、最後にトピックのテストを行います。

　テストウィンドウに「問い合わせ起票」と入力して、名前、連絡先メールアドレス、問合せ内容を入力していきます（**画面6-74**）。最後に、問合せ番号が返ってきます。

　これでPower Automateとの連携が正常に終了して、Dataverseの［問合せチケット］テーブルに新規レコードが登録されます。実際入力した情報が正しくテーブルに登録されたかどうかも確認してみましょう。

6-2　Power Automateとの連携

▼画面6-74　トピックのテスト

　まず、新規ブラウザタブを作成し、Power Appsのホームページにアクセスします。

Power Apps
URL https://make.powerapps.com/

　左側のメニューで［テーブル］をクリックし、テーブルの一覧画面で［問合せチケット］テーブルをクリックして開き、［問合せチケット 列とデータ］欄に表示されているデータを閲覧します（**画面6-75**）。デフォルトでは、一部の列が非表示になっているため、ヘッダーの右側にある［その他のX件］❶（Xには数字が入ります）をクリックして、［問合せ番号］［問合せ者］［問合せ内容］［連絡先メールアドレス］の列❷にチェックを入れて、選択状態にします。
　［保存］ボタン❸をクリックします。

▼画面6-75　[問合せチケット]テーブルの確認

これで、エージェントのほうでチャットした情報がテーブル上に反映されているかどうかをチェックできます（画面6-76）。

▼画面6-76　チャットした情報のデータを確認

上記のようにCopilot StudioからPower Automateを起動する機能は、業務の効率化、ユーザーエクスペリエンスの向上といったメリットをもたらし、さまざまな場面で効果を発揮します。

テーブルのデータの確認が済んだら、Power Appsのブラウザタブは閉じてかまいません。

6-3 AI Builder を使った拡張

AI Builderは、Microsoft Power Platformの一部であり、Azure AIサービスを基盤としており、ユーザーが簡単にこれらの機能を利用できるようにしています。AI Builderの機能を使用するには、通常AI Builderクレジットが必要ですが、Copilot Studioにおいては、ライセンスに含まれるメッセージ数を消費することでAI Builderを利用できますので、AI Builderのクレジットを消費しません。

AI Builderにはいくつかのモデルがあります。

事前構築済みモデルは、その名のとおり、特定のタスクに対して事前にトレーニングされたモデルです。例えば、テキスト認識、言語の理解、画像認識などのタスクに対応するモデルが用意されています。これらのモデルは、ユーザーが自分で一からトレーニングを行う必要がないため、すぐに利用できるのが大きな利点です。

AI Builderの事前構築済みモデルの詳細については、次のオンラインドキュメントを参照してください。

事前構築済み AI モデルの概要 - AI Builder
URL https://learn.microsoft.com/ja-jp/ai-builder/prebuilt-overview

カスタムモデルも提供されています。カスタムモデルは、ユーザーが独自のデータを使用してトレーニングすることができるモデルです。これにより、特定のビジネスニーズに応じた高度なAIソリューションを構築することが可能になります。例えば、特定の書類のフォーマットや過去データから将来の傾向を予測するモデルを作成することができます。

AI Builderを使用することで、AIの専門的な知識が少ないユーザーでも簡単にAIを活用し、ビジネスプロセスの効率化や自動化に非常に役立ちます。例えば、請求書のデータを自動で読み取って入力する、顧客からの問い合わせを自動で分類するなど、多岐にわたる用途があります。初心者でも直感的に使える設計となっており、Copilot Studioとのシームレスな統合により、作成したエージェントからもAI機能を簡単に活用することができます。

ここではユーザーからの問い合わせに対して、緊急度が高いかどうかの判別をAI Builderを使って判定させる機能を追加していきます。利用するのは「AIプロンプト」という機能で、生成AIを呼び出して処理するプロンプトを定義します。そのプロンプトをCopilot Studioの中で使う形になります。早速作成していきましょう。

6-3-1 》 AIプロンプトの作成

［問い合わせ起票］トピックを開き、トピックの最後にAI Builderのプロンプトを追加します。［アクションを追加する］❶の［新しいプロンプト（既定のAIモデル）］❷をクリックします（画面6-77）。

▼画面6-77 ［新しいプロンプト（既定のAIモデル）］アクションの追加

プロンプトの新規作成画面が表示されます（画面6-78）。まず左上のテキストボックスに、プロンプト名として「問い合わせ緊急度判定プロンプト」❶と入力します。次に、右側のサイドメニューの［入力］アイコン❷をクリックして、プロンプトの入力データを定義していきます。

▼画面6-78　プロンプトの入力の開始

［入力］画面が表示されたら、右側の［入力］欄にある［＋入力を追加する］をクリックしてメニューの［テキスト］をクリックし、［名前］として「問い合わせ内容」❶と入力します（画面6-79）。次に、プロンプト本文❷のところに、以下に挙げているプロンプトを入力します。入力するテキストは、サポートページで提供している「Chapter6_プロンプトに入力するテキスト.txt」に入っています。このプロンプトでユーザーからの問い合わせ内容に対して、緊急度を判定させ、判定理由も出力させるようにGPTモデルに処理させます。

プロンプトに入力するテキスト　　Chapter6_プロンプトに入力するテキスト.txt

> ITヘルプデスク担当者として、ユーザーからの問い合わせの緊急度を次の基準に基づいて'高'、'中'、'低'のいずれかに分類してください。それぞれの緊急度の定義と例を参考にして、問い合わせ内容に応じた緊急度を判断し、理由も添えてください。JSON形式で出力してください。
> ###緊急度の基準:
> 緊急度：高
> 定義：業務に重大な影響を与える問題や、即時対応が必要な場合。
> 例：システム全体がダウンしているため、全ユーザーが業務を行えない。
> 緊急度：中

定義：業務に影響があるが、部分的または一部ユーザーに限定される場合。
例：一部のユーザーが特定のアプリケーションにアクセスできない。
緊急度：低
定義：業務には直接的な影響がなく、対応を待つことができる場合。
例：デバイスのソフトウェアアップデートが必要だが、今すぐの対応が不要

###出力例：
入力：
「ユーザーが新しいバージョンのソフトウェアをインストールしたら、一部の機能が動作しなくなったと報告。」
出力：
{
"urgency": " 中 ",
"reason": "特定のソフトウェア機能に影響があるが、業務全体に及ぶ問題ではないため。"
}

###出力形式（JSON形式）：
{
"urgency": " 高 / 中 / 低 ",
"reason": " 緊急度を選んだ理由を簡潔に記述してください "
}

###ユーザーからの問い合わせ内容

▼画面6-79　プロンプト本文の入力

6-3　AI Builderを使った拡張

次に、プロンプト本文の最後に先ほど定義したパラメータを追加します。

プロンプト本文の末尾に入力カーソルを表示した状態で［＋追加］ボタン❶をクリックし、表示されたメニューの上部で［自分のプロンプトで］をクリックし、［問い合わせ内容］❷をクリックします（画面6-80）。

▼画面6-80　入力パラメータの追加

最後に［プロンプト設定］パネルで、モデルと温度を設定して保存します（画面6-81）。プロンプト設定画面を開くには、右側のメニューで［設定］アイコン❶をクリックします。

▼画面6-81　モデルと温度の設定

執筆時点では、プロンプト内で指定できるGPTモデルはGPT-4o miniとGPT-4oの2種類となります。両者を比較すると、GPT-4o miniは、特にコス

Chapter 6 エージェント開発の実践 (基本)

ト効率と高速処理が求められる場面で有用です。一方、GPT-4oは複雑なタスクや高精度が必要な場面で優れた性能を発揮します。ここではデフォルトの設定であるGPT-4o miniにしておきます。なお、生成された結果が期待外れの場合、ここのモデルを変更して再度試すことで改善される可能性があります。

また、[温度] は、生成されるテキストのランダム性や創造性を制御するために使用される重要なパラメータです。

本書では [温度] については0.7に設定します。温度のパラメータ設定値は、0から1の範囲で調整することができます。この設定値が低いほど、モデルの応答はより決定的で予測可能なものとなり、高い値に設定すると、応答はよりランダムで創造的なものになります。具体的には、温度設定が0に近づくと、モデルは最も確率の高い単語やフレーズを選択する傾向が強くなり、より一貫性のある応答が得られます。一方、温度設定が1に近づくと、モデルはより広範な選択肢から単語を選ぶようになり、結果として多様で創造的な応答が生成されます。一般的には、0.7程度の温度設定がバランスの取れた選択となります。この設定値は、一定の創造性を保ちながらも、あまりランダムになりすぎない応答を生成してくれますので、ここでも0.7に設定しておきます。

なお、このプロンプト作成画面でテストを行うことも可能です (**画面6-82**)。

右側のメニューで [入力] アイコン❶をクリックしてから、入力パラメータの [問い合わせ内容] の [サンプルデータ]❷に次のような内容を入力します。

- 営業部の数人が新しい顧客管理システムにアクセスできない状況です。

次に、[プロンプトのテスト]❸をクリックすると、処理が始まり、少し待っていると [プロンプトの応答]❹に処理結果が表示されます。このように、プロンプト作成画面上でテストを行い、必要に応じてすぐプロンプトをチューニングできるのは便利です。

▼画面6-82　プロンプトのテスト

　以上でプロンプトの作成は終わりです。最後に［カスタムプロンプトを保存］ボタンをクリックします。保存処理が終わると、プロンプト作成画面は自動的に閉じられます。

　トピックの編集画面に戻ると、作成したプロンプトが自動的に追加されています（画面6-83の［プロンプト］ノード）。

　次に、プロンプト内の入力パラメーターである［問い合わせ内容］と出力パラメーターを設定していきます（画面6-83）。入力の［問い合わせ内容］❶にはユーザーが入力した問い合わせの情報を格納している変数Inquiryを指定します（入力ボックスの右端をクリックし、表示されたメニューの［Inquiry］をクリックします）。

　出力パラメータについては新しい変数を作成して、GPTモデルが処理した結果をその変数に格納させます。それには、［変数を選択する］のところ❷をクリックして、［変数を選択する］ウィンドウの［新しい変数を作成する］❸をクリックします。

Chapter 6 エージェント開発の実践（基本）

▼画面6-83 ［変数を選択する］ウィンドウ

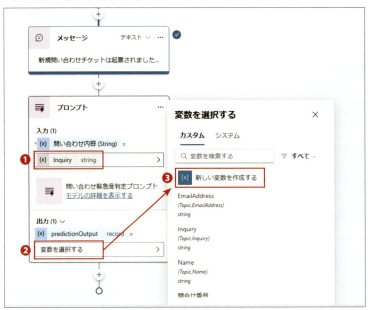

新しい変数は自動的に「Var1」のような名前で作成されますが、後続のノードも利用するため［GPTOutput］という変数名に変更します。それには、変数名Var1をクリックし、右側に表示された［変数のプロパティ］パネルで［変数名］を編集します（**画面6-84**）。

6-3 AI Builderを使った拡張

▼画面6-84　変数名の変更（GPTOutput）

　GPT処理した結果はJSON形式になるため、JSON解析の処理を追加します（画面6-85）。［プロンプト］ノードの下部の［+］❶をクリックし、［変数管理］❷→［値を解析する］❸をクリックします。

▼画面6-85　JSON解析の設定

　[値の解析]の設定を行います。まず解析する対象の値にGPTOutput.textを指定します（**画面6-86**）。[データ型]は[サンプルデータから]を選択してサンプルのJSONデータを入力して自動的にJSONスキーマを生成させます（**画面6-87**）。

▼画面6-86　値の解析

▼画面6-87　データ型の指定

6-3 AI Builderを使った拡張

次に、[サンプルJSONからスキーマを取得する]をクリックします（画面6-88）。

▼画面6-88　サンプルJSONからスキーマを取得する

以下のようなサンプルのJSONデータを入力して[確認]ボタンをクリックします（画面6-89）。このJSONデータは、サポートページで提供している「Chapter6_サンプルJSONデータ.txt」に収めています。

JSONデータ　Chapter6_サンプルJSONデータ.txt

```
{
"urgency": "高/中/低",
"reason": "緊急度を選んだ理由を簡潔に記述してください"
}
```

▼画面6-89　サンプルのJSONデータを入力

エージェントをテストするときに、各変数に格納されている値を確認できます。それには、ひと通り質問をテストした後、上部メニューの［変数］❶をクリックし、［変数］パネルの［テスト］タブをクリックし、［トピック (X)］をクリックし、目的の変数（ここではGPTOutput）の下の［値］をクリックします。すると、変数GPTOutputの中にキー［text］にGPTモデルで処理した問い合わせ内容の判定結果が格納されていることがわかります（画面6-90）。そのため、上で実行した［値の解析］ではGPTOutput.textを指定しました。

▼画面6-90 変数に格納されている値を確認

［値の解析］の最後に、［名前を付けて保存］のところに、JSON解析した結果を格納するための変数を新規作成するため、［新しい変数を作成する］をクリックします（画面6-91）。

6-3 AI Builderを使った拡張

▼画面6-91　新しい変数を作成する

　変数名を［ParsedGPTOutput］に変更します。これでGPTモデルが処理した結果である問い合わせ内容の緊急度の判定結果が変数ParsedGPTOutputに格納されます（画面6-92）。

▼画面6-92　変数名の変更

ちなみに、ここでトピックを保存してからエージェントをテストし、問い合わせ内容として「営業部の数人が新しい顧客管理システムにアクセスできない状況です。」と入力すると、変数ParsedGPTOutputには次のデータが入っていることがわかります（画面6-93）。"reason"キーには判定理由、"urgency"キーには緊急度が入ります。

```
{
"reason": "営業部の数人が特定のシステムにアクセスできないため、業務に影響があるが、全ユーザに及ぶ問題ではないため。",
"urgency": "中"
}
```

▼画面6-93　変数 ParsedGPTOutputの値

次に、判定された緊急度によって、処理を分岐させます。
まず、［値の解析］ノードの下の［+］❶をクリックし、［条件を追加する］❷をクリックします（画面6-94）。

6-3　AI Builderを使った拡張

▼画面6-94　条件ノードを追加

次に、緊急度の値によって条件分岐させるために、判定対象の値には変数ParsedGPTOutput.urgency❶を設定します。また、緊急度が高いかどうかを判定したいため、判定方法のところには［が次の値に等しい］❷を設定し、値として［高］❸を入力します（画面6-95）。これで判定条件の設定が完了となります。

▼画面6-95　判定条件の設定

195

Chapter 6 エージェント開発の実践 (基本)

　最後に、緊急度が高い問い合わせについてメッセージを送信するように、[メッセージ] ノードを追加します (**画面6-96**)。メッセージの本文を入力し、変数を挿入する手順については、6-2-2項の最後の**画面6-73**を参照してください。

　メッセージ本文には以下の内容を入力し、必要なデータも追加します。例えば**画面6-96**では、緊急度 (ParsedGPTOutput.urgency)、理由 (ParsedGPTOutput.reason) などの詳細を追加しています (カッコ内は変数名)。

- こちら緊急案件として優先的に対応させていただきます。担当者より折り返し連絡しますので、しばらくお待ちください。

▼画面6-96　メッセージの送信

　トピックを保存できたら、テストしてみましょう (**画面6-97**)。
　試しに以下の問い合わせ内容を入力して、緊急度の高い案件として判定さ

196

れるかどうかを確認してみてください。

- 会社全体のメールシステムがダウンしており、すべてのユーザーがメールにアクセスできません。

▼画面6-97　トピックを設定した効果をテスト

以上のように、AI Builderを活用することで、Copilot Studioから簡単に生成AI機能を実装し、ユーザーエクスペリエンスを向上させることができます。これにより、ビジネスの効率化やデータ駆動型の意思決定が可能となり、総合的な価値が大幅に向上します。

今回の実装例では問い合わせの緊急度の判定で生成AIを使ってみましたが、それ以外のところで活用可能です。例えば、問い合わせのカテゴリー分類、担当チームの自動アサインなど、もちろん問い合わせ対応以外の場面においてもたくさん使い道があると思います。またPower Automateの中でも作成したAIプロンプトを利用することができますので、緊急度の高い問い合わせについて自動的に担当チームのTeamsチャネルにメッセージを送信やメール通知するようなフローを構成することも可能です。ぜひ作成したフローをカスタマイズしてみてください。

Chapter 6　エージェント開発の実践（基本）

基本的なエージェントの開発の実践が終わりました！

お疲れさまでした！どうでしたか？

トピックの作成、Power Automateとの連携、AI Builderの使い方まで一通り学べて、とても勉強になりました！

素晴らしいですね！ 基本的な部分をしっかりと押さえることで、これからの応用にも役立ちますよ。

そうですね。早く次のステップに進みたくなりました！

Chapter **7**

エージェント開発の実践
（応用）

Chapter 7 エージェント開発の実践（応用）

本章で学ぶこと

前章までで、基本的なエージェントを作ることができるようになりました。
次は応用編として、データベース（Dataverse）を使ったナレッジ検索、
画像やボタンなどのUI要素を埋め込んだやり取りを可能にする「アダプティ
ブカード」について学びます。

本章のポイント

◉ データベース（テーブル）に蓄積された情報にアクセスし、活用する方
  法を学ぶ
◉ アダプティブカードを使って、テキスト以外のデータ（画像やボタンな
  ど）を活用する方法を学ぶ
◉ トピックを統合し、分岐処理を組み込んで、利便性をアップさせる

本章の構成

7-1 Dataverseを用いたナレッジ検索
7-2 アダプティブカードで申請業務を効率化
7-3 トピックの統合でユーザーエクスペリエンスを向上

次は、いよいよ応用編に入りますね!

そうですね! 基本を学んだので応用にも挑戦したいです!

今回はDataverseを用いたナレッジ検索、アダプティブカードで申請業務を効率化、そして作成したトピックの統合について学びます。

とても興味深いです。応用編ではどんなことができるようになるんですか?

実用的で高度な機能を備えたエージェントをローコードで作成できるようになりますよ!

Chapter 7　エージェント開発の実践 (応用)

　Chapter 6に引き続き、より実践的なエージェント開発に取り組んでいきましょう。まずは、Dataverseを用いたナレッジ検索から始めます。続いて、アダプティブカードを使って申請業務を効率化します。最後に、作成したトピックの統合を行います。これらのステップを通じて、より高度なエージェントの作成方法を学んでいきましょう。

7-1 〉Dataverseを用いたナレッジ検索

　生成AIで社内のナレッジを活用するニーズがかなり増えてきています。

　Dataverseは、Microsoft Power Platformが提供するデータ管理サービスで、データストレージ、管理、セキュリティ、および統合のための強力なツールです。Power Platformの各サービスとシームレスに連携することができます。すでにDataverseに蓄積しているデータがあれば、簡単な接続設定を行うだけでCopilot Studioから素早く生成AIでナレッジデータを利活用できます。

　ここで、Copilot StudioからDataverseのテーブルをナレッジデータとして登録して、検索する機能を追加してみましょう。接続するテーブルとして [問合せチケット] テーブルを登録します。過去問い合わせの対応方法等を検索できるようにエージェントを強化していきます。

　では、早速開始しましょう。

　Copilot Studioを閉じている場合はホームページにアクセスし、[ITヘルプデスクエージェント] をクリックして開きます。

　次に、Power Appsのホームページにもアクセスし、Copilot Studioと同じ環境を選択してから左側のメニューの [テーブル] をクリックし、テーブル一覧画面で [問合せチケット] テーブルを開きます (画面7-1)。

　まず事前準備として、[問合せチケット] テーブルにナレッジデータを追加します。[問合わせチケット 列とデータ] 欄の右端の [編集] をクリックすると、編集画面が表示されます (画面7-2)。

202

次の操作を行って［問合せ内容］列と［回答内容］列を左端に配置します。

1. 右端の［その他の19件］❶をクリックし、［回答内容］❷にチェックを入れてから［保存］ボタン❸をクリックします。
2. ［問合せ内容］の列名をドラッグして左端に配置し、［回答内容］の列名をその右隣に配置します。必要に応じて、列名ボックスの右端をドラッグして列幅を調整します。
3. 一番下の行にサンプルとして以下のデータを登録します（画面7-3）。
   - 問合せ内容：Power Appsにログインできない
   - 回答内容：VPN接続してからご利用ください。

▼画面7-1　［問合せチケット］テーブル

▼画面7-2　［問合せチケット］テーブルの編集画面

Chapter 7　エージェント開発の実践（応用）

▼画面7-3　サンプルデータを登録

これまでの作業中にテストした際に、「Power Appsにログインできない」という質問を入力した場合、そのデータが複数登録されている可能性があります。トピックの作成後にテストする際、本書の画面例とできるだけ同じ条件でテストしたい場合は、画面7-3で追加したもの以外の「Power Appsにログインできない」という質問のデータを削除してください。データを削除するには、データ行を選択状態にしてから上部メニューの［X個のレコードの削除］をクリックします（Xには数字が入ります）。

以上でデータの事前準備は完了です。［Power Apps］ブラウザタブを閉じます。

次に、Copilot Studioのナレッジソースに［問合せチケット］テーブルを登録していきます。

Copilot Studio画面の［サポート情報］タブ❶をクリックし、［＋ナレッジの追加］❷をクリックします（画面7-4）。

▼画面7-4　ナレッジの追加

［ナレッジの追加］ダイアログが表示されたら、データソースの［Dataverse（プレビュー）］をクリックします（画面7-5）。

7-1 Dataverseを用いたナレッジ検索

▼画面7-5　データソースにDataverseを選択

　[手順1/3：Dataserveテーブルを選択する]画面で[問合せチケット]テーブル❶を検索し、見つかったチケット❷をクリックしてから[次へ]ボタン❸をクリックします（画面7-6）。

▼画面7-6　手順1/3：Dataserveテーブルを選択する

205

Chapter 7 エージェント開発の実践 (応用)

[手順2/3：データのプレビュー] 画面で、テーブルのデータのプレビューを確認し、問題なければ [次へ] ボタンをクリックします（**画面7-7**）。

▼**画面7-7 手順2/3：データのプレビュー**

[手順3/3：確認して終了する] 画面で、最終確認を行います。問題なければ [追加] ボタンをクリックします（**画面7-8 ❶**）。

> この画面では「同義語」と「用語集」を登録することもできます。同義語は、特に列名の表記がわかりにくい場合に役立ちます。例えば、他のシステムからDataverseに移行したテーブルでは、列の名称だけではその内容や格納されているデータの種類がわかりにくいことがあります。こうした場合に同義語を登録することで、エージェントがその列を検索しやすくなります。

同義語と用語集はいつでも編集できます。続いて同義語を登録してみましょう。まず、**画面7-8 ❷** の [編集] をクリックします。表示された [問合せチケット] 画面（**画面7-9**）で上部の [同義語] ❶をクリックします。

今回の [問合せチケット] テーブルの場合は、**画面7-9** のように [回答内容] 列 ❷と [問合せ内容] 列 ❸にそれぞれの同義語を登録しておきます。同義語には、社内で使われる専門用語や略語などを登録できます。

同義語の登録が終わったら、[保存] ボタン ❹をクリックして元の画面に戻ります。

▼画面7-8　手順3/3：確認して終了する

▼画面7-9　同義語の登録

　用語集には、ITヘルプデスク向けのエージェントを作成する場合であれば、特定のシステムの名前などを登録するとよいでしょう。画面7-8 ❸の［編集］をクリックします。表示された［問合せチケット］画面（画面7-10）で上部の［用語集］❶をクリックします。用語と説明を入力してから、右端の［追加］をク

Chapter 7 エージェント開発の実践（応用）

リックする操作を繰り返します。登録が終わったら、右上の［保存］ボタン❷をクリックします。

▼画面7-10　用語集の登録

次に、いよいよ新しいトピックを作成していきます。

まず、上部メニューの［トピック］タブ❶をクリックしてから、［＋トピックの追加］❷→［最初から］❸をクリックします（画面7-11）。トピック編集画面（画面7-12）で、トピック名を［過去問い合わせ検索］に変更し❶、トリガーフレーズも同様に［過去問い合わせ検索］を登録します❷。操作手順は、「6-1-5 新規カスタムトピックの作成」の新規トピック作成手順を参考にしてください。

▼画面7-11　新規トピックの作成

▼画面7-12　トピック名とトリガーフレーズの登録

トリガーのあとに［質問］ノードを追加し、検索したい過去情報がどのようなものかユーザーに質問します。次のような内容を質問本文として入力します。操作手順は、147ページの画面6-25の前後を参考にしてください。

- 過去の問い合わせについて検索したい情報を入力してください。

［特定］のところには［ユーザーの応答全体］❶を指定します（画面7-13）。ユーザーの応答については変数Question❷を保存するように、新しい変数を追加します（［ユーザーの応答を名前を付けて保存］の下の変数名（Var1）をクリックし、［変数のプロパティ］パネルの［変数名］をQuestionに変更します）。

▼画面7-13　［トリガー］ノードのあとに［質問］ノードを追加

次に［生成型の回答を作成する］ノードを追加し、以下の設定を行います（画面7-14）。

1. ［入力］に変数Question❶を設定します。操作手順については、150ページの画面6-30を参考にしてください。
2. ［データソース］の［編集する］❷をクリックし、プロパティパネルの［ナレッジソース］の下の［選択したソースのみを検索する］❸を有効にしてから、ナレッジ登録したDataverseの［問合せチケット］テーブル❹にチェックを入れます。

▼画面7-14　生成型の回答を作成する：変数とナレッジソースを指定

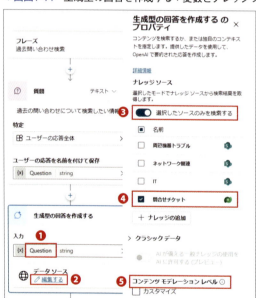

必要に応じて、［コンテンツモデレーションレベル］（画面7-14❺）を変更できます。ここでは以下のように設定します（画面7-15）。

1. プロパティパネルの［コンテンツモデレーションレベル］❶で［カスタマイズ］にチェックを入れます。レベルの設定項目が表示され、自動的に既定値の［高］が選択されるので、そのままにしておきます。

7-1　Dataverseを用いたナレッジ検索

> [コンテンツモデレーションレベル] は、「高」「中」「低」を指定できます。レベルが低いほどエージェントは回答を多く生成しますが、関連性が低下する可能性があります。レベルが高いほど回答の件数より関連性が重視されます。

2. さらに、カスタム指示を追加することで生成型の回答処理を拡張できます。例えば、エージェントの特性等を説明したり、答えるべきことと答えるべきでないことを定義したりして、応答の形式を定義することができます。
   ここでは、[カスタム指示]（[コンテンツモデレーションレベル] の下にあるテキストボックス）に、次のような内容をカスタム指示として入力します（画面7-15 ❷）。

   - あなたはITヘルプデスクのエージェントです。過去のナレッジデータから回答作成してください。分かりやすく、丁寧に。

▼画面7-15　生成型の回答を作成する：コンテンツモデレーションレベル

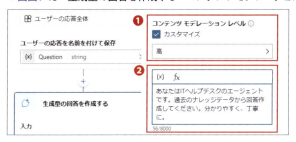

トピックの作成が完了したら [保存] ボタンをクリックします。
最後にテストしてみましょう。
テストウィンドウにトリガーフレーズの「過去問い合わせ検索したい」（画面7-16 ❶）を入力して、新規作成したトピックを起動させます ❷。その後、具体的な検索したい情報、ここでは事前に用意したPower Apps関連の問い合わせを検索しました ❸。ここでは、想定どおりの回答 ❹ が返ってきて、問題なく動作していることがわかりました。

211

Chapter 7　エージェント開発の実践（応用）

▼画面7-16　トピックのテスト

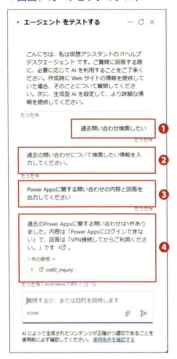

▼画面7-17　集計処理の実行

　データ中身の検索以外に、ちょっとしたデータの集計処理も実行できます。

　例えば、特定な内容に関連する過去データの件数の集計、また今月、今週が起票された問い合わせの件数のカウントや特定なステータスになっている問い合わせの検索も自然言語で検索できるようになります（画面7-17）。

　これまで見てきたように、Dataverseを用いたナレッジ検索は、Copilot Studioにおいても非常に有用であり、これにより、ユーザーに対して高品質な情報提供が可能となり、エージェントの価値を最大限に引き出すことができるでしょう。

7-2 アダプティブカードで申請業務を効率化

ITヘルプデスクというシナリオで考える際に、申請系の業務もかなり多いのではないでしょうか。新規端末の申請、アカウント発行の申請などの業務もエージェントで行えると、申請業務の効率化を期待できます。ここではCopilot Studioからアダプティブカードを活用することで、申請業務を効率化する方法について説明します。

アダプティブカードとは、ユーザーが視覚的に魅力的でインタラクティブなカードを通じて情報を提供し、操作できる機能です。これにより、エージェントを使用する際に、ユーザーはより直感的に情報を入力し、操作することができます。特に申請業務において、アダプティブカードは非常に有効です。例えば、従業員が休暇を申請する際に、エージェントにアダプティブカードを組み込むことで、申請フォームにユーザーが必要な情報を入力しやすくなります。申請者は、アダプティブカードを使って直感的に必要な情報を入力し、［送信］ボタンをクリックするだけで申請を完了できます。また、アダプティブカードを使用することで、管理者は申請内容を迅速に確認し、承認プロセスを効率化できます。例えば、申請が送信されると、管理者に通知が届き、アダプティブカードを通じて申請内容を確認し、承認または却下の操作をすぐに行うこともできます。

このように、アダプティブカードを活用することで、Copilot Studioで申請業務は大幅に効率化され、ユーザーと管理者の双方にとって使いやすくなります。では早速、Copilot Studio内でアダプティブカードを使ってみましょう。

その前に、事前準備として申請データを格納するテーブルを作成していきます。新規テーブルの作成方法については、6-2節の「Power Automateとの連携」を参考に、ゼロからテーブル、必要な列を定義することができますが、ここでもう1つ便利なやり方を紹介します。Copilot in Power Apps（執筆時点ではプレビュー中）を利用して素早く新規テーブルを作成することをトライしてみましょう。

Copilot in Power Appsは、自然言語を使用してアプリを構築するのに役立つPower Apps内で搭載されるCopilotです。Copilotと対話することで、デー

タモデルを生成したり、また生成したデータモデルを基盤としたアプリを構築したりすることができます。

まず、Power Appsのホームページにアクセスして、ホームページの右上にある環境一覧から、作成したエージェントと同じ環境を選択します。本書では[<組織名>(既定)]を選択しました。

Power Apps
URL https://make.powerapps.com/

［ホーム］画面の中央のテキストボックスに次のプロンプトを入力します。

プロンプトに入力するテキスト

> サービス利用申請アプリ作成したい。申請サービス名、利用者アカウント、利用開始日、申請理由の列を含めてください。

このプロンプトを入力してEnterキーを押して実行すると、Copilot in Power Appsが動作され、必要と思われるテーブルを作成してくれます。

▼画面7-18　Copilot in Power Appsの実行

画面7-19が最初にCopilot in Power Appsがプロンプトを解析して、テーブルを作成したあとの画面となります。［利用者アカウント］と［申請サービス］という2つのテーブルを作成してくれました。

Copilot in Power Appsでは、必ずしも毎回同じテーブルが生成されるわけではありません。画面7-19と違う結果になった場合も、このまま読み進めてください。実際、画面7-19は、本章で使いたいテーブル構成ではないため、このあとの操作で新たにテーブルを生成させます。

今回のような場合は、プロンプトを入れるところまで戻らなくても、簡単な操作でテーブルを再生成させることができます。画面の右のほうにある［テー

ブルオプション］ボタン❶をクリックして、いくつかのオプションを選択して［適用］ボタン❸をクリックすると、テーブルを生成し直してくれます。ここでは［テーブルオプション］の［1つのテーブル］❷を選択して、再度Copilot in Power Appsのテーブル生成処理を実行させています。

▼画面7-19　テーブル生成処理の再実行

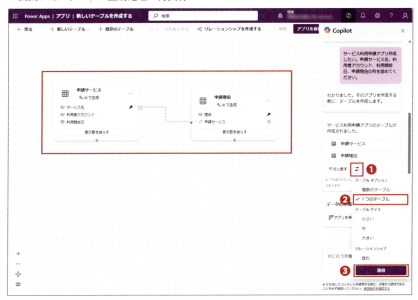

　今回の処理では、最終的に1つのテーブル［サービス利用申請］のみ生成され、テーブルの［データを表示する］でテーブルの列とサンプルデータを確認することができます（画面7-20）。

▼画面7-20　テーブルのデータを確認

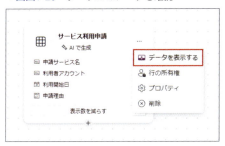

また、生成された各列のプロパティはあとから変更することができ、新しい列を手動で追加することもできます。必要に応じて列をカスタマイズしてみてください。

ここでは1つだけ変更してみます。Copilot in Power Appsで生成したテーブルのスキーマ名が「table1」のような表記になっているので、後続の処理で見つけやすくなるよう、ここでテーブルの定義情報を変更しておきましょう。

［プロパティ］❶をクリックし、［テーブルの編集］パネルで［高度なオプション］をクリックします。スキーマ名を［service_application］❷に変更し、［保存］ボタン❸をクリックします（画面7-21）。そのほかに特に問題がなければ、編集画面の右上の［アプリを保存して開く］ボタンをクリックします。すると、［作業が完了した場合］ダイアログが表示されるので、メッセージの内容を確認してから［アプリを保存して開く］をクリックします。

> ブラウザウィンドウのサイズによっては、［アプリを保存して開く］ボタンが［Copilot］パネルで隠されていることがあります。その場合は、［Copilot］パネルを閉じてから［アプリを保存して開く］ボタンをクリックします。

▼画面7-21　テーブルの定義情報の変更

しばらく待っていると、[サービス利用申請]テーブルと紐づけたサンプルアプリが生成されます（画面7-22）。この時点でテーブルもDataverse上に生成されます。[Power Apps Studioへようこそ]ダイアログが表示された場合は、[スキップ]をクリックして閉じます。
　このサンプルアプリ自体を保存すれば、あとで利用することも可能です。今回は使う場面がないので、保存せずに閉じることにします。

▼画面7-22　サンプルアプリの生成

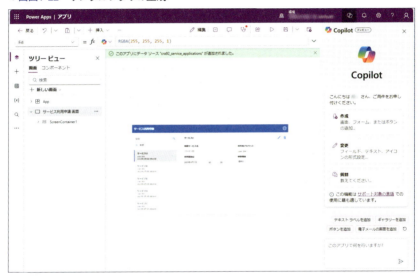

　Copilot Studioの画面に戻り、サービス利用申請のトピックを作成していくことにします。新規トピック作成の手順は「画面7-11　新規トピックの作成」を参照してください。
　新しいトピック作成画面で、トピック名を[サービス利用申請]❶に変更し、トリガーフレーズにも[サービス利用申請]❷にします（画面7-23）。

Chapter 7 エージェント開発の実践（応用）

▼画面7-23 トピック名とトリガーフレーズの設定

次に、トリガーの直後に［メッセージ］ノードを追加して、メッセージ本文として次の文言を入力します（画面7-24）。

メッセージ本文

> サービス利用申請について、以下のフォームに必要な情報を入力してください。

さらに、ユーザーが入力できるようにアダプティブカードを追加します（画面7-25）。新しいノードを追加して［+］アイコン❶をクリックし、［アダプティブカードで質問する］❷を選択します。

▼画面7-24　メッセージノードの定義

▼画面7-25　アダプティブカードで質問する

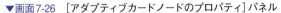

　追加された[アダプティブカード]の右側にある三点リーダー（[…]）❶をクリックしてメニューから[プロパティ]を選択すると、[アダプティブカードノードのプロパティ]パネルが表示されます（**画面7-26**）。[アダプティブカードデザイナーを開く]リンク❷をクリックします。

▼**画面7-26**　[アダプティブカードノードのプロパティ]パネル

　[Desginer | Adaptive Cards]というタイトルの新しいブラウザタブが背後で作成されるので、このブラウザタブを最前面に表示します（**画面7-27**）。

> 2回目以降は、[アダプティブカードデザイナーを開く]リンクをクリックするだけで、このブラウザタブが自動的に最前面に表示されることもあります。

Chapter 7 エージェント開発の実践（応用）

▼画面7-27　アダプティブカードデザイナーの画面構成

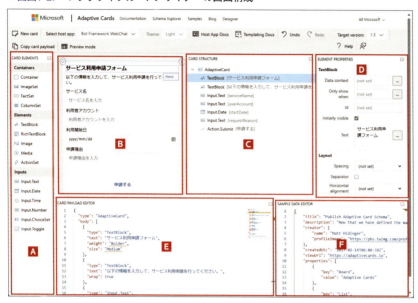

▼表7-1　アダプティブカードデザイナーの画面構成要素

構成要素名	説明
A　CARD ELEMENT カード要素	カード内で使う要素。ドラッグアンドドロップでキャンバスに配置する
B　アダプティブカードプレビュー	カードの要素がリアルタイムで表示され、カードのプレビューを確認できる
C　CARD STRUCTURE カード構造	アダプティブカードの構成要素を確認できる
D　ELEMENT PROPERTIES 要素プロパティ	選択した要素のプロパティの内容を編集できる
E　CARD PAYLOAD EDITOR カードペイロードエディタ	カード定義データをJSON形式で直接編集できる
F　SAMPLE DATA EDITOR サンプルデータエディタ	サンプルデータを編集できる

7-2　アダプティブカードで申請業務を効率化

　アダプティブカードデザイナーは、アダプティブカードのデザインや設定を簡単に作成・編集できるビジュアルツールです。お気づきのように、画面7-27はアダプティブカードデザイナーの初期画面ではなく、サンプルの定義データを読み込んだあとの状態です。各パネルの大きさも調整してあります。

　ここではアダプティブカードデザイナーの使い方については割愛しますが、画面7-27の状態にする操作だけはやっておきましょう。そのうえで表7-1「アダプティブカードデザイナーの画面構成要素」の説明も参考にすると、このツールの概略がつかめるはずです。

　まず、本書サポートページから「Chapter7_アダプティブカードの定義データ.txt」をダウンロードします。このテキストファイルからアダプティブカードのサンプルをコピーし、アダプティブカードデザイナーの左下の［CARD PAYROAD EDITOR］の中に貼り付けます。あとは、各パネルが見やすくなるようにパネルの端をドラッグしてサイズを調整するだけです。

アダプティブカードの定義データ　　**Chapter7_アダプティブカードの定義データ.txt**

```
{
  "type": "AdaptiveCard",
  "body": [
    {
      "type": "TextBlock",
      "text": "サービス利用申請フォーム",
      "weight": "bolder",
      "size": "medium"
    },
    {
      "type": "TextBlock",
      "text": "以下の情報を入力して、サービス利用申請を行ってください。",
      "wrap": true
    },
    {
      "type": "Input.Text",
      "id": "serviceName",
      "placeholder": "サービス名を入力",
      "label": "サービス名"
    },
    {
      "type": "Input.Text",
      "id": "userAccount",
```

Chapter 7

221

```
      "placeholder": "利用者アカウントを入力",
      "label": "利用者アカウント"
    },
    {
      "type": "Input.Date",
      "id": "startDate",
      "label": "利用開始日 "
    },
    {
      "type": "Input.Text",
      "id": "requestReason",
      "placeholder": "申請理由を入力",
      "label": "申請理由",
      "isMultiline": true
    }
  ],
  "actions": [
    {
      "type": "Action.Submit",
      "title": "申請する "
    }
  ],
  "$schema": "http://adaptivecards.io/schemas/adaptive-card.json",

  "version": "1.5"
}
```

　アダプティブカードの定義データが問題なくプレビューできたら、その定義
データをコピーします。ここでは、本書サポートページからダウンロードでき
る「Chapter7_アダプティブカードの定義データ.txt」からコピーしてもかまい
ません。

　Copilot Studioのトピック編集画面に戻ってから、［アダプティブカードノー
ドのプロパティ］の編集ボックスに定義データを貼り付けます（**画面7-28❶**）。

　アダプティブカードの定義データに不備がなければ、トピック編集画面でも
アダプティブカードをプレビュー表示できます（**画面7-28❷**）。

▼画面7-28　ノードのプロパティにアダプティブカードの定義データを貼り付ける

　アダプティブカードの設定について、もう少し見ておきましょう（画面7-29、画面7-30）。ユーザーがアダプティブカードに入力したデータは、自動生成される出力パラメータの各変数に格納されます。これでアダプティブカードの追加は完了です。

▼画面7-29　アダプティブカードの設定1　　▼画面7-30　アダプティブカードの設定2

223

Chapter 7 エージェント開発の実践（応用）

本章で使っているアダプティブカードの定義データは、筆者が生成AIサービスで自動的に生成させたものです。生成AIサービス（例：ChatGPT）を利用していて、ご興味のある方は、以下のようなプロンプトでアダプティブカードの定義データを生成してみてください。

プロンプト例

> サービス利用申請のアダプティブカードの定義データを生成してください。
> 必要入力項目：サービス名、利用者アカウント、利用開始日

▼画面7-31　生成AIサービスへのプロンプト

▼画面7-32　生成AIサービスがアダプティブカードの定義データを生成

　次に、アダプティブカードの出力データをDataverseのテーブルに更新する処理を追加します。Dataverseテーブルへデータを追加するには、6-2節「Power Automateとの連携」で紹介したやり方で実現することができます。ここではもう1つ、より便利なやり方を紹介します。

　画面7-33のように［アダプティブカード］ノードの下に新しいノードを追加して［アクションを追加する］❶をクリックし、［アクションを選択する］パ

224

ネルの［コネクタ（プレビュー）］タブ❷で「選択した環境に新しい行」を検索し、Dataverseのアクション［選択した環境に新しい行を追加する］❸をクリックします。すると、［接続の作成または選択］ダイアログが表示されます（**画面7-34**）。Dataverseの接続がまだない場合は、自動的にこの画面が表示されます。まだ操作はしないで読み進めてください。

このアクションを設定することで、Copilot Studioに一部のPower Platformのコネクタが統合されて、Power Automateのフローを経由せずに、直接トピック内でコネクタのアクションを追加することができるようになります。

▼画面7-33　アクションの設定

また、デフォルトでは、接続はエンドユーザーの資格情報を使用するように構成されています。このことは、［接続の作成または選択］ダイアログ（**画面7-34**）で［Microsoft Dataverse］項目の右端の三点リーダー（［…］）❶をクリックして表示されるメニューにテスト用アカウント❷が表示されていることからもわかります。以降の作業中でも、Dataverseの接続がない場合はこのダイアログが自動的に表示されます。

確認できたら、メニュー以外のどこかをクリックしてメニューを閉じてから［送信する］ボタン❸をクリックします。

Chapter 7 エージェント開発の実践（応用）

▼画面7-34　［接続の作成または選択］ダイアログ

コネクタに対して（現在のユーザーの接続情報ではない）別の接続情報が必要な場合は、［接続の作成または選択］ダイアログでコネクタ項目の右端の［…］をクリックして［＋新しい接続を追加する］を選択し、ユーザー認証してから［送信する］ボタンをクリックします。

　アクション追加の処理が完了すると、［コネクタのアクション］ノードが表示され、下部に［Add a new row to selected environment］（選択した環境に新しい行を追加する）ボタンが表示されます（画面7-35）。

▼画面7-35　［コネクタのアクション］ノード（作成直後）

　以下のように入力パラメータを指定します（画面7-36、画面7-37）。

1. ［Environment］のテキストボックスをクリックし、メニューから［(Current)］（今現在の環境）を選択します。
2. ［Table name］のテキストボックスをクリックし、メニューから［サービス利用申請］（事前にCopilot in Power Appsで作成したテーブル）を選択します（メニューの一番下付近にあるはずです。見つからない場合は「サービス利用申請」と入力し、Enterキーを押してもかまいません）。すると、3番目以降のパラメータ項目が更新され、［利用者アカウント］［申請サービス名］などが表示されます。
3. ［利用者アカウント］と［申請サービス名］にアダプティブカードの出力変数（順にuserAccount、serviceName）を指定します。テキストボックスの右端の［>］をクリックすると、メニューから選択できます。
4. ［高度な入力(9)］をクリックし、［申請理由］と［利用開始日］にアダプティブカードの出力変数（順にrequestReason、startDate）を指定します。テキストボックスの右端の［>］をクリックすると、メニューから選択できます。

Chapter 7 エージェント開発の実践（応用）

▼画面7-36　入力パラメータの指定1

▼画面7-37　入力パラメータの指定2

　ただし、最後の［利用開始日］に変数を指定すると、［コネクタのアクション］ノードの上部にエラーが表示されます（**画面7-38**）。

▼画面7-38　［コネクタのアクション］ノード（エラー発生）

7-2 アダプティブカードで申請業務を効率化

このエラーは、データ型の不一致が生じていることを示しています。画面7-37の右下を見ると、上側が［利用開始日(DateTime)］（DateTimeはデータ型を示します）であるのに対し、下側が［startDate ｜ date］（dateがデータ型を示します）となっていることがわかります。このエラーを回避するには、変数startDateの値をデータベースに取り込む際にデータ型を変換するように設定する必要があります。

では、やってみましょう。手順としては、いったん変数を削除してから、データ型を変換する式を入力します。まず、［startDate ｜ date］の右側をクリックして、この変数を選択状態にしてから（画面7-39）、Deleteキーを押します。

▼画面7-39　変数を選択状態にしてからDeleteキーを押す

画面7-40のように空になったテキストボックスの右端の［>］❶をクリックし、表示されたパネルで［計算式］❷をクリックします。［fx］テキストボックス❸に次の式を入力し、［挿入］❹をクリックします。

```
DateTimeValue(Topic.startDate)
```

▼画面7-40　変数のデータ型を変換する式を入力する

229

Chapter 7 エージェント開発の実践（応用）

これで［コネクタのアクション］ノード上部のエラーメッセージも消えます。

》 ユーザーにメッセージを通知する

最後に、メッセージを送信するノードを追加して、サービス申請が起票されたことをユーザーに通知するようにします（画面7-41）。操作手順については、177ページの画面6-72「Power Automateフローの入力パラメータの設定」からの説明を参考にしてください。

1. メッセージ本文は任意で問題ありませんが、画面例と同じにするには、まず「申請ありがとうございます。以下のサービス申請が起票されました。」と入力します。
2. 続いて、［申請サービス名］［利用者アカウント］［利用開始日］［申請理由］の情報も添えます。項目名として「■申請サービス名：」などと入力してから、その後ろにアダプティブカードの出力変数を入力します。
3. 最後に、メッセージの冒頭にユーザーの名前を表示するように設定します。システム変数のUser.DisplayNameを追加してから、その後ろに「さん」と入力します。

> 上記のUser.DisplayNameのように、トピック機能の中でユーザー情報に関連するシステム変数を活用すると、エージェントの対話フローをより柔軟でパーソナライズされたものにすることができます。

▼画面7-41　ユーザーに通知するメッセージを変数入りで作成

これでトピックの編集が完了しました。保存してテストしてみましょう。トピック編集画面の右上の［保存］をクリックしてから、テストパネルが表示されていない場合はエージェント編集画面の右上の［テスト］をクリックします。

　テストウィンドウに「サービス利用申請」❶と入力します。アダプティブカードが表示されたら、何か情報を入力して［申請する］ボタン❷をクリックします。その後、エージェントから申請された内容のメッセージ❸が返ってくることを確認します。

▼画面7-42　エージェントをテストする

なお、ユーザーが初回実行時に接続を求められる場合があります。その際には［接続］ボタンをクリックして、［接続の管理］画面でDataverseコネクタの接続認証を行ってください（**画面7-44**）。具体的には、**画面7-43**の左端の画面で［接続］をクリックすると、新しいブラウザタブで［接続の管理］画面が表示されるので（**画面7-44**）、その画面上の［接続］リンクをクリックすると、［接続の作成または選択］ダイアログ（**画面7-34**を参照）が表示されるので、［送信］をクリックします。［接続済み］の状態になったことが確認できたら、ブラウザタブを閉じてかまいません。

エージェントのブラウザタブに戻ると、［接続］ボタンの色が変わっていることがわかります（**画面7-43**中央）。この状態で［再試行］ボタンをクリックすると、エージェントとのやり取りが再開されます（**画面7-43**右）。

▼**画面7-43** 初回実行時に接続を求められる場合

▼**画面7-44** Dataverseコネクタの接続認証

最後に、Power Appsのテーブル画面にアクセスし、今回作成した［サービス利用申請］テーブルに、アダプティブカードに入力したデータが正しく反映されていることを確認します（**画面7-45**）。

▼画面7-45　［サービス利用申請］テーブルのデータ確認

このようにエージェント内でアダプティブカードをうまく活用することで、業務プロセスをよりスムーズに運営し、運用コストを節約することが期待できます。

7-3 > トピックの統合でユーザーエクスペリエンスを向上

これまでいくつかのトピックを作成して、それぞれのテストを行う際にはトリガーフレーズを入力して動作させました。ここで作成したトピックを最初にエージェントがユーザーに挨拶するタイミングで選択できる形式にすることで、より利便性をアップしていきます。

システムトピックの［会話の開始］を開きます。トリガーの直後にあるメッセージ送信のノードを削除して、その代わりに［質問］ノードを追加します（**画面7-46**）。

質問の本文には以下のような文言を入力します❶。ここに必要に応じて、エージェントのキャラクター名や利用注意事項の情報も追加してください。

質問の本文

こんにちは、私はITヘルプデスクエージェントです。今日は何のご要件でしょうか。

Chapter 7　エージェント開発の実践（応用）

　次に［特定］では［複数選択式オプション］❷を指定し、［FAQ検索］［過去問い合わせナレッジ検索］［サービス利用申請］［問い合わせ起票したい］の4つのオプション❸を追加します。

▼画面7-46　［質問］ノードの追加と設定

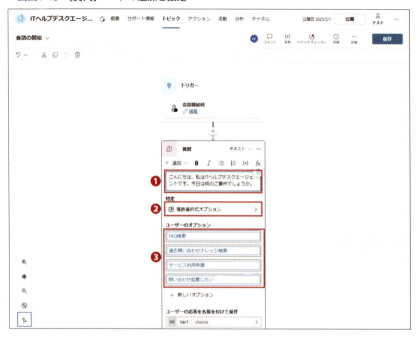

　4つのオプションを追加すると、自動的に分岐が追加されます（**画面7-47**）。

　それぞれのオプションの直下に［FAQ検索］トピック、［過去問い合わせ検索］トピック、［サービス利用申請］トピック、［問い合わせ起票］トピックへとリダイレクトするように設定します。操作手順としては、**画面7-48**のように、［トピック管理］❶→［別のトピックに移動する］❷→［＜目的のトピック＞］❸を順に選択します。すべてを設定し終わると、**画面7-47**のようになります。

7-3 トピックの統合でユーザーエクスペリエンスを向上

▼画面7-47 4つのノードすべてにリダイレクトを設定

▼画面7-48 リダイレクト設定

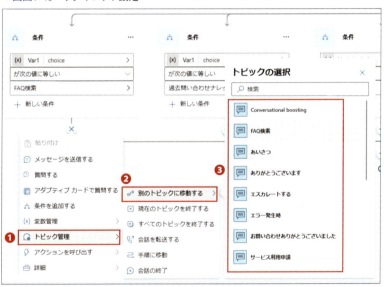

最後に、トピックを保存してテストしてみましょう。

テストしてみると、最初に表示されるエージェントからの挨拶文が「要件のカテゴリーをヒアリングする問いかけ」に変わっていることが確認できます（**画面7-49**）。また、4つの要件カテゴリーのボタンが表示されているため、ユーザーはそれをクリックするだけで済みます。

▼画面7-49　エージェントをテストする

このように、利用者に事前にカテゴリーを選んでもらうことで、会話の流れをうまく管理することができ、ユーザーエクスペリエンスをより良いものにすることができます。ユーザーは自分の質問や問題に最も関連するカテゴリーを選ぶことで、より迅速かつ正確に必要な情報やサポートを得ることができます。これにより、ユーザーの混乱や誤解を最小限に抑え、満足度を高めることが可能です。

また、カテゴリー選択はエージェントの応答精度を向上させるための重要なステップでもあります。カテゴリーが事前に選ばれると、エージェントは特定の文脈に基づいた適切な応答を準備することができます。これにより、会話の無駄を減らし、効率的にユーザーのニーズに対応できます。特に、複数のトピックやサービスを扱うエージェントにおいては、この方式が非常に有効です。

7-3 トピックの統合でユーザーエクスペリエンスを向上

本格的なエージェント開発を体験できました！

お疲れ様でした！どうでしたか？

データベースを使ったナレッジ検索やアダプティブカードでの申請業務の効率化など、新しいことをたくさん学べて非常に有意義でした！

素晴らしいですね！さまざまな技術を組み合わせて応用していけば、エージェントの可能性がもっと広がりますよ。

本当にそうですね。早く実際の業務に応用してみたいです！

Chapter

8

Copilot Studioに
おける管理の基本

Chapter 8 Copilot Studioにおける管理の基本

本章で学ぶこと

Copilot Studioを使ったエージェントの開発は難しいものではありませんが、円滑に開発するための環境作りは避けて通ることができません。ここではPower Platformを利用するときの基本や、セキュリティ関連の管理について解説します。

本章のポイント

◉ Power Platformファミリーの全体像を知る。
◉ Copilot Studioで開発するときに知っておくべきセキュリティ機能および設定方法について学ぶ。
◉ セキュリティに関わるベストプラクティスについて学ぶ。

本章の構成

8-1 Copilot Studioのセキュリティの基本
8-2 テナントレベルの管理
8-3 環境レベルの管理
8-4 エージェントレベルの管理
8-5 セキュリティで保護するためのベストプラクティス

これまで、Copilot Studio の基本的な使い方を学びました。次は何を学ぶんですか？

この章では、Copilot Studio における管理の基本について学びます。

管理の基本って具体的にはどんな内容が含まれるんですか？

Copilot Studio の管理者として知っておくべき重要なポイントを解説します。特に、テナントレベルの管理、環境レベルの管理、エージェントの管理、そしてベストプラクティスについても触れます。

なるほど、エージェントを効率的に運用するには、管理の仕組みをしっかり理解しておくことが重要ですね。

そのとおりです！管理に関わる機能を理解することで、より安全で効果的なエージェントの運用が可能になります。

8-1 Copilot Studioのセキュリティの基本

では、これからCopilot Studioにおける管理の基本を学んでいきましょう。

Copilot Studioのセキュリティについて Power Platformに依存する部分が多くあります。Power Platformのセキュリティの考え方は、階層セキュリティの考え方に基づいており、テナント、環境、エージェントはそれぞれの別の階層（レイヤー）で管理されます。それぞれの階層で異なるセキュリティガバナンスが必要となります。

Power Platformは、図8-1のように❶～❺までの階層で構成されています。

❶ Microsoft Entra ID

Microsoft Entra IDはテナント全体のライセンス、ユーザーの認証などを管理します。アカウントに対して必要なライセンスを付与するか、もしくはMicrosoft Entra IDグループを使用して、ユーザーにライセンスを割り当てることができます。このライセンス割り当てにより、個々のユーザーではなくグループ単位でアクセス権限を管理できます。これにより、特定のユーザーや

▼図8-1　Power Platform全体像

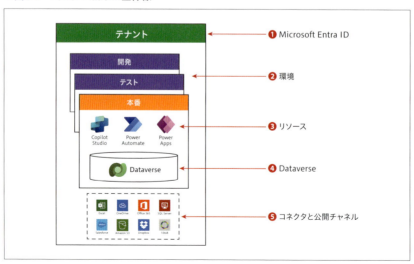

チームのみがエージェントを作成・編集・利用できるようになります。また、Microsoft Entra IDの条件付きアクセス（管理者はユーザーのデバイス、場所、アプリケーション、ユーザーの役割などのさまざまな条件に基づいてアクセス権を制御できる機能）を利用している場合、特定の条件に基づいてユーザーのアクセスを許可または拒否することができます。

❷ 環境

Power Platformにおいて「環境」の概念は非常に重要です。環境とは、アプリケーション、データ、フローを分離し、管理するための領域のことを指します。これは、開発、テスト、本番などの異なるフェーズや、異なる部門やプロジェクトごとに設定することができます。

環境は、アプリケーションのライフサイクル管理を容易にし、リソースを適切に管理するための基本的な単位です。Copilot Studioにおいても、環境はセキュリティと管理の観点から非常に重要な役割を果たします。例えば、環境ごとに異なるアクセス権限を設定することで、特定のユーザーやチームが特定の環境内でのみ作業できるように制御することができます。これにより、機密データへのアクセスを制限し、不正アクセスを防御できます。また、環境ごとにデータポリシーを設定すれば、法律や規制に準拠した運用も可能になります。

さらに、環境レベルでの制御により、異なる環境間でのデータ移動やアプリケーションの移行が容易に行えるようになります。例えば、開発環境で作成したエージェントをテスト環境に移行し、最終的に本番環境でリリースすることで、リスクを最小限に抑えながら高品質なアプリケーションを提供することができます。

❸ リソース

環境内のアプリ、フロー、エージェントのリソースを一元的に管理し、適切なアクセス制御を行うことで、効率的かつ安全にビジネスソリューションを運用できるようになります。1つの環境内では複数のエージェントを作成できます。エージェントごとに他のユーザーに共有することで、複数のユーザーと共同作業が可能になります。組織内で作成したエージェントを展開する際に、どのグループ、どのユーザーに利用させるかといった設定も行えます。

❹ Dataverse

セキュリティロールは、ユーザーがDataverse内でどのような操作を行える
かを定義します。セキュリティロールはDataverse内で利用できる機能を制御
します。例えば、アプリ作成、テーブル作成、エージェントの作成などの操作
の可否をセキュリティロールで制御できます。

テーブルアクセス権限は、特定のテーブルに対する操作権限を細かく制御し
ます。操作権限には、テーブル内のデータを読み取る権限（Read）、新しいデー
タを追加する権限（Create）、既存のデータを更新する権限（Update）、データ
を削除する権限（Delete）などが含まれます。各ユーザーやセキュリティロー
ルごとに、これらの権限を設定することで、どのユーザーがどのデータにどの
ようにアクセスできるかを詳細に管理することができます。例えば、営業チー
ムのメンバーには顧客情報を閲覧する権限を与え、管理者には顧客情報の編
集および削除権限を与えることができます。

❺ コネクタと公開チャネル

Power Platformには、さまざまなコネクタが用意されており、これらを利
用することで他のアプリケーションやサービスと簡単に連携できます。例え
ば、SharePointやDynamics 365、OneDrive、さらには外部のサービスである
SalesforceやGoogleサービスにも接続できます。また既存のコネクタ以外に、
独自のコネクタを作成できるカスタムコネクタという機能も提供されています。
これらのコネクタはCopilot Studioでも利用できます。

これらのコネクタの利用を制御するにはDLP（Data Loss Prevention、デー
タ損失防止）ポリシーを設定する必要があります。DLPポリシーは、企業の機
密データが不適切な方法で使用されるのを防ぎます。具体的には、重要なデー
タが外部に流出しないように、データの共有やアクセスを制御します。例えば、
特定のコネクタを使用してデータの転送を禁止し、特定のユーザーがコネクタ
経由で機密データにアクセスできないように制限することができます。

また、Copilot StudioはMicrosoft Teams、Facebook Messenger、Webサイ
ト、LINEなど、複数のチャネルをサポートしているため、さまざまなプラット
フォームでユーザーと効果的にコミュニケーションをとれます。DLPポリシー
は公開できるチャネルを制御することもできます。DLPポリシーを活用すれ
ば、企業のデータを保護できるようになります。

Copilot Studioにおけるセキュリティの全体像は上記のとおりです。次節以降では、詳細な管理手法や考慮すべき点等について解説します。

8-2 テナントレベルの管理

テナントレベルの管理に関して、以下の項目について見ていきます。

- ライセンス管理
- セルフサインアップ試用版のブロック
- 生成AIを使用するエージェントの公開許可
- 統合アプリ管理
- 環境作成権限の管理

8-2-1 》 ライセンス管理

Copilot Studioを使うには、テナント管理者が「Copilot Studioライセンス」を準備する必要があります。これにより、エージェントの作成、管理、利用が可能になります。個々の開発者には「Copilot Studioユーザーライセンス」を割り当てる必要がありますが、エンドユーザーは特定のライセンスを持つ必要はありません。ただし、利用者が利用するためにメッセージ容量を割り当てる必要があります。詳細について説明します。

Copilot Studioを利用できるライセンスとして、「Copilot Studioメッセージパック」「Copilot Studio 従量課金」「Microsoft 365 Copilotに含まれるCopilot Studioの使用権」「Copilot Studio for Teams」の4つがあります（Chapter 1の表1-2を参照）。利用できる機能はライセンスによって異なります。ここでは「Copilot Studioメッセージパック」を主に取り扱います。

最初に行わなければならないのは、開発者に対して、エージェントを作成および管理するためにCopilot Studioの開発者ライセンス（開発者ライセンス自体は無償です）を割り当てる作業です。

具体的には、Microsoft 365管理センターのメニューで［アクティブなユー

245

Chapter 8　Copilot Studioにおける管理の基本

ザー］をクリックし（画面8-1）、［アクティブなユーザー］画面で対象ユーザーを選択してから［製品ライセンスの管理］をクリックします（画面8-2）。［製品ライセンスの管理］画面でCopilot Studioのユーザーライセンスを割り当てます（画面8-3）。

Microsoft 365管理センター
URL https://admin.microsoft.com/

　Entra IDグループを使用することで、複数のユーザーに一括でライセンスを割り当てることもできます。特に作成者が多く存在する場合、Entra IDグループを利用してライセンスの割り当てと削除を行うほうがお勧めです。

▼画面8-1　［アクティブなユーザー］をクリック

▼画面8-2　対象ユーザーを選択し、［製品ライセンスの管理］をクリック

246

▼画面8-3　[製品ライセンスの管理] 画面

　開発者ライセンスを割り当てられたユーザーはエージェントを作成・公開できるようになります。公開されたエージェントを利用するユーザー側は、「テナントごとにライセンスされるメッセージ数」を消費します。具体的には、1つのキャパシティパックは25,000メッセージを月ごとに提供します。メッセージの割り当ては、Power Platform管理センターで行います。

Power Platform管理センター
🔗 https://admin.powerplatform.microsoft.com

　Power Platform管理センターの左側のメニューで [リソース] ❶ → [容量] ❷ を選択し (画面8-4)、右側のパネルの下方で [アドオン] の [管理] をクリックし (❸)、[アドオンの管理] 画面でCopilot Studioの対象環境を選択します (❹)。

Chapter 8 Copilot Studioにおける管理の基本

▼画面8-4 ［リソース］→［容量］をクリックし、メッセージ数を設定

表示が切り替わったら、［Microsoft Copilot Studio メッセージ］に割り当てたいメッセージ数❶を入力して［保存］ボタン❷をクリックします（**画面8-5**）。

なお、メッセージの消費レートは、「Power Platformライセンスガイド」では以下のように説明しています。通常（非生成AI）は1メッセージを消費し、ユーザーのデータに基づく生成AI（Gen AI）の応答は2メッセージを消費します。

Power Platformライセンスガイド
URL https://go.microsoft.com/fwlink/?LinkId=2085130&clcid=0x411&culture=ja-jp&country=jp

▼画面8-5　メッセージ数の設定

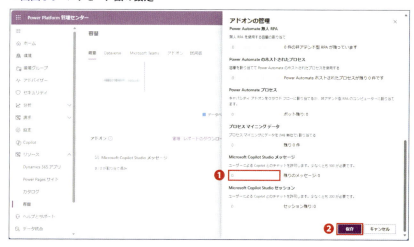

　メッセージの消費状況に関しては、Power Platform管理センターの左側のメニューから［請求］❶→［ライセンス］❷を選択し、右側のパネルに表示された［ライセンス］画面で確認できます（**画面8-6**）。［概要］タブ❸では、テナント全体のメッセージ消費状況を確認できます。［環境］タブでは、個別の環境内でのメッセージ消費状況を確認できます。

▼画面8-6　［概要］タブでメッセージ消費状況を確認

8-2-2 セルフサインアップ試用版のブロック

本書のChapter 2で説明したように、Copilot Studioの試用版ライセンスは簡単に入手できます。組織内のユーザーは、自身で試用版ライセンスのサインアップサイトから試用版ライセンスを取得できます。管理上、これを禁止したい場合は、PowerShellコマンド「Remove-AllowedConsentPlans」を使ってセルフサインアップをブロックすることができます。詳細な手順、および注意事項については次の記事を参考にしてください。

Power Automate/Power Appsの試用版・無償版を利用不可にする方法｜Japan Dynamics CRM & Power Platform Support Blog
URL https://jpdynamicscrm.github.io/blog/powerplatform/How-to-block-free-and-trial-licenses/

8-2-3 生成AIを使用するエージェントの公開許可

テナント管理者は、テナント全体に対して生成型の回答とアクションを持つエージェントを公開する機能を有効化または無効化することができます（デフォルトでは有効になっています）。

Power Platform管理センターの左側のメニューから［設定］を選択し、右側のパネルの［テナント設定］の設定項目［AI機能を使用してボットを公開する］❶をクリックします（画面8-7）。その後、表示されたパネルでトグルボタン❷をクリックして［有効］あるいは［無効］（グレー表示）を選択し、［保存］ボタンをクリックします。

▼画面8-7 エージェントの公開の有効化

8-2-4 ≫ 統合アプリ管理

「8-2-1 ライセンス管理」で触れたライセンスのうち、Copilot Studio for TeamsはTeams上でのみエージェントを作成でき、Teams上でのみエージェントを利用できるというものでした（生成AI等の機能を利用できず、簡単なチャットボットを構築可能です）。既定では、Copilot Studio for Teamsは、組織内のすべてのユーザーがTeams上で利用できます。これは組織レベルで制御することができます。

アプリの実行の許可、ブロックを設定するには、Microsoft 365管理センターの左側のメニューから［設定］→［統合アプリ］を選択し、右側のパネルの［利用可能なアプリ］タブ❶を開きます（画面8-8）。［Microsoft Copilot Studio］を検索（見つからない場合は旧製品「Power Virtual Agents」で検索）して見つかったらクリックし、そのアプリの詳細画面でアプリの許可（展開）またはブロックを設定します。［アプリをブロックする］❷をクリックし（画面8-8）、画面の指示に従って操作します（画面8-9 ❸❹❺）。

▼画面8-8　アプリの実行のブロック1

▼画面8-9　アプリの実行のブロック2

ちなみにブロック前は、画面8-10のように、Teamsのアプリストアで、Copilot StudioのTeamsアプリが［追加］できるようになっています。

▼画面8-10　TeamsのアプリストアでTeamsアプリが［追加］可能状態

アプリをブロックした場合は、リンクが［承認の要求］に変わり、管理者に対して承認リクエストを送信することができます（画面8-11）。なお、設定の変更後、［追加］ではなく［承認の要求］と表示されるまでに数分のタイムラグが生じることがあります。その途中に［追加］ボタンをクリックすると、「権限が必要です<改行>このアプリの追加を管理者に依頼してください。」というダイアログが表示されます（画面8-12）。

▼画面8-11　［承認の要求］ボタンで承認リクエストを送信

▼画面8-12　ブロック後に［追加］をクリックした直後の画面

　また、「8-2-1 ライセンス管理」で触れたライセンスのうち、「Microsoft 365 Copilotに含まれるCopilot Studioの使用権」を使えば、Microsoft 365 Copilotをカスタマイズするためのプラグインの作成と公開を行うことができます。この機能も必要に応じて、Microsoft 365管理センターでブロックすることができます。なお、この機能は「Copilot Studio」というアプリ名で表示されます。先ほどの「Microsoft Copilot Studio」とは別のアプリですので混同しないようにしてください。

　アプリの実行の許可（展開）またはブロックを設定するには、Microsoft 365管理センターの左側のメニューから［設定］❶→［統合アプリ］❷を選択し、右側のパネルの［利用可能なアプリ］タブ❸を開き、［Copilot Studio］を検索して見つかったらクリックし❹、そのアプリの詳細画面でアプリの許可、ブロックを設定します（画面8-13）。［アプリをブロックする］❺をクリックし、画面の指示に従って操作します。

▼画面8-13　Copilot Studioアプリをブロック

8-2-5 ≫ 環境作成の管理

　テナント管理者は、誰が環境を作成できるか制限することができます（このほかの環境レベルの管理については、次の8-3節で説明します）。デフォルトでは、管理者権限を与えることにより、管理者以外のユーザーも環境を作成できます。

　Power Platform管理センターの左側のメニューから［設定］❶を選択し、右側のパネルが［テナント設定］画面に切り替わったら（画面8-14）、［運用環境の割り当て］［開発環境の割り当て］［試用環境の割り当て］の3つの設定をそれぞれ［特定の管理者のみ］にすると、管理者権限のあるユーザー（グローバル管理者、Power Platform管理者、Dynamics365管理者）のみが新規環境を作成できるようになります。それには、［運用環境の割り当て］［開発環境の割り当て］［試用環境の割り当て］のそれぞれのリンクをクリックして、［運用の割り当て］ウィンドウが表示されたら、［○○環境の作成と管理ができるユーザー］ラジオボタンで［特定の管理者のみ］❷を選択し、［保存］ボタン❸をクリックしてください。

▼画面8-14　運用環境の作成と管理ができるユーザーを[特定の管理者のみ]に設定

8-3　環境レベルの管理

　Power Platformは、特定の環境に対するセキュリティとガバナンスを環境レベルで管理しています。ここで、Power Platformの環境について補足しておきます。

　Power Platformの環境は、Power Platformの各製品が動作する論理的なコンテナです（図8-2）。各環境には、その環境で動作するアプリケーション、ワークフロー、データベースなどが含まれます。環境ごとにセキュリティ、ポリシー、データベース、リソースが管理されるため、異なるアプリケーションやユーザーグループが影響を受けずに並行して運用できます。開発用、テスト用、本番用といった目的ごとに、もしくは人事部専用、IT部専用、総務部専用といった組織ごとに環境を分けて、独立した管理が可能になります。これにより、リリース前の検証やユーザーへの影響を最小限に抑えられます。また、環境ごとにアクセス権限を細かく設定することで、データ漏洩や不正アクセスを防ぐことができます。例えば、本番環境には厳格なアクセス制御を設ける一方、開発環境では柔軟にアクセス権を設定するといったことができます。

Chapter 8 Copilot Studioにおける管理の基本

▼図8-2 Power Platform環境のテナントとアクセス制御

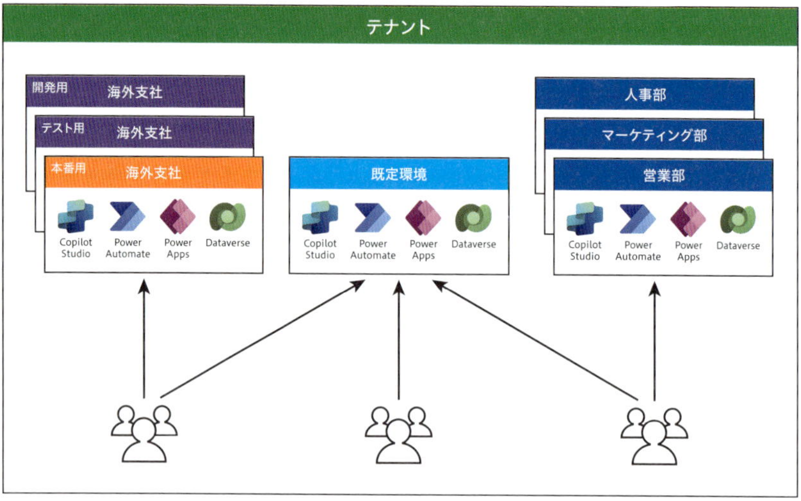

Power Platformで利用可能な環境はいくつか存在しており、それぞれの特徴は表8-1のとおりです。

▼表8-1 Power Platformの環境の種類

環境の種類	説明
既定環境	自動的に作成される標準環境で、すべてのユーザーがアクセス可能。個人や小規模チームのアプリ開発に適している
実稼働環境	エンタープライズレベルの環境で、追本番運用に適した環境
サンドボックス環境	テストやトレーニングに使用される環境。リセットやコピー機能があるため、デプロイ前の検証環境として使うと便利
試用版環境	開発やテストのために一時的に作成され、30日後に削除される環境。短期間の評価に適している
開発者環境	個別の開発者が利用することを想定した環境で、個人用にカスタマイズ可能。通常、Power Apps開発者プランで提供される（Power Apps開発者プランは、個人の学習や検証のために提供された無償ライセンス）

Copilot Studioの利用時には、環境に対して以下の制御が行われます。

256

- 環境アクセス制御：セキュリティグループを環境に紐づけることによって、アクセスできるユーザーを限定し、データの漏洩や不正アクセスを防止します。
- 生成AI機能の許可設定：環境ごとに必要に応じて生成AI機能の有効・無効を設定します。
- セキュリティロールの管理：環境内のユーザー、もしくはチームに対して適切なセキュリティロールを割り当て、特定のリソースや機能に対する権限を制御します。
- DLP（データ損失防止）ポリシーの設定：DLPポリシーで環境内のコネクタの使用を制限し、データの漏洩を防止すると同時に、Copilot Studioの公開チャネルや認証構成などを設定します。

「環境アクセス制御」については以下で具体的な手順を解説します。「セキュリティロールの管理」「生成AI機能の許可設定」「DLP（データ損失防止）ポリシーの設定」の手順は紙幅の都合でダウンロードコンテンツのPDFで解説していますので、本書サポートページからダウンロードしてご参照ください。

8-3-1 》 環境アクセス制御

Power Platform製品は、環境ごとにセキュリティグループを設定することができます。具体的には、管理者はまずEntra IDでセキュリティグループを作成し、そのセキュリティグループに個別のユーザーを追加します。その後、そのグループをPower Platformの環境に関連付けます。これにより、セキュリティグループに含まれるユーザーだけがその環境にアクセスできるようになります。アクセスできるユーザーを限定することで、データの漏洩や不正アクセスを防止できます。また、グループ単位で権限を管理できるため、ユーザーを追加したり削除したりするときに個別に対応する必要がなくなります。

セキュリティグループを設定するには、管理者アカウントでPower Platform管理センターにアクセスし、左側のメニューから［環境］❶を選択します（画面8-15）。

Power Platform管理センター
URL https://admin.powerplatform.microsoft.com

Chapter 8 Copilot Studioにおける管理の基本

　［環境］画面では、［+新規］ボタン❷から新しい環境を作成する際にセキュリティグループ❸を選択できるほか、既存の環境にセキュリティグループを紐づけることができます。ただし、既定の環境と開発者の環境にはセキュリティグループを割り当てることができません。

▼画面8-15　新しい環境の作成時にセキュリティグループを選択

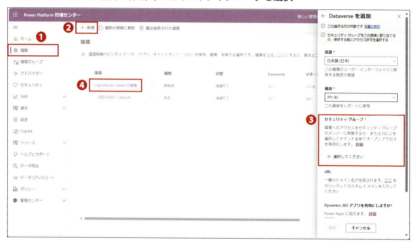

　既存の環境にセキュリティグループを紐づけるには、［環境］画面でその環境名（画面8-15❹）をクリックして開き、［詳細］セクションの［編集］をクリックします（画面8-16）。

▼画面8-16　既存の環境の［編集］をクリック

　適切な環境を開いている場合は、［詳細の編集］ウィンドウの［セキュリティグループ］のところでセキュリティグループを割り当てることができます。なお、画面8-17には「この環境に割り当てることはできません。」と表示されていますが、これは「Copilotstudio Createrの環境」の種類が「開発者」だからです。

▼画面8-17 ［詳細の編集］ウィンドウ

8-4 エージェントレベルの管理

　Copilot Studioで作成したエージェントには、複数のセキュリティ設定を適用することができます。特定のユーザーやグループへのアクセスを制限したり、認証を用いてアクセスを制御することが可能です。以下では、エージェント単位で設定できるセキュリティ設定、特にエージェントの認証設定について説明します。

8-4-1 》 エージェントの認証設定

　Copilot Studioで作成したエージェントに対して認証を行うように設定すると、ユーザーがエージェントにアクセスする際にログインが必要となり、エージェントの機能や応答をユーザーの情報に基づいてカスタマイズできます。Copilot Studioでは、Entra IDや他のOAuth 2.0プロバイダーと統合したユーザー認証が可能です。

Chapter 8 Copilot Studioにおける管理の基本

　認証を設定するには、Copilot Studioの編集画面の右上にある［設定］ボタン（**画面8-18**❶）をクリックし、［設定］画面（**画面8-19**）の［セキュリティ］❷をクリックします。右側のパネルが［認証］に切り替わるので、［オプションの選択］オプション❸でエージェントの認証方式を指定します。認証には、［認証なし］［Microsoftで認証する］［手動で認証する］の3種類があり（**表8-2**）、デフォルトでは［Microsoftで認証する］（Entra ID認証）が選択されています。

▼表8-2　エージェントの認証方式

認証方式	特徴	利用場面
認証なし	誰でもアクセス可能。シンプルで設定が不要	外部顧客サポート用エージェントや情報提供のみのエージェントがこの設定になることが多い。一般公開されるウェブサイト上に埋め込んで利用可能
Microsoftで認証する	Entra IDアカウントで認証。社内ユーザーのみにアクセス制限可能	社内の従業員向けエージェントとして、休暇申請やITサポートなど、認証されたユーザーのみにアクセスさせたい場面での使用に適している。TeamsチャネルとPower Appsのアプリに埋め込まれたエージェントを利用するときのみサポート。誰がエージェントを利用可能かについては、エージェントの共有設定で制御する
手動で認証する	OAuth 2.0を利用し、Entra ID認証とEntra ID認証以外のプロバイダーでの認証をサポート	B2Cシナリオや外部サービスと連携するTeamsを含む任意のチャネルで動作可能。エージェントを構築する場合に適している ● サービスプロバイダーがEntra IDの場合は、Entra ID上でアプリ登録とシークレットの発行などの設定が必要。また。［ユーザーにサインインを要求する］をオンにして、エージェント共有設定でエージェントを利用できるユーザーを制御できる ● サービスプロバイダーが汎用OAuth2の場合、［ユーザーにサインインを要求する］をオンにすると、サインインできるユーザーのみエージェントとチャットが可能になる。なお、汎用OAuth2の場合、エージェント共有設定を使用して、エージェントを利用できるユーザーを制御することはできない

▼画面8-18　エージェントの［設定］ボタンをクリック

▼画面8-19　Copilot Studioの認証設定画面

　それぞれの認証方式をエージェントの利用目的や利用シナリオに応じて選択することで、適切なセキュリティとユーザーエクスペリエンスを提供することができます。

8-5　セキュリティで保護するためのベストプラクティス

　これまで説明してきたCopilot Studioの管理者として知っておくべき重要なポイントを踏まえ、セキュリティのベストプラクティスについて紹介します。ここで説明するベストプラクティスは、Microsoftが公開しているCopilot Studioの実装ガイドを参考にしています。Copilot Studioの実装ガイド（「Microsoft Copilot Studio - Implementation Guide」、英語版）のPowerPointファイルは

次のURLからダウンロードできます。

Microsoft Copilot Studio - Implementation Guide (1.5).pptx
URL https://aka.ms/CopilotStudioImplementationGuide

◉ Entra IDグループを使用してユーザーにライセンスを割り当てる

作成者用のCopilot Studioユーザーライセンスは、個別のユーザーに割り当てるのではなく、Entra IDグループを通じてユーザーに付与することで、ライセンス管理を効率化できます。

◉ Entra IDグループを使用して環境へのユーザーアクセスを管理する

Power Platform環境に対して、セキュリティグループを紐づけて、エージェント作成者と管理者だけが環境とデータストアにアクセスできるように構成します。

◉ Entra IDグループチームによるセキュリティロールの割り当ての管理

各Dataverse環境内で、Entra IDのグループと同期できるチームを作成し、個々のユーザーに対してセキュリティロールを設定する代わりにチームにセキュリティロールを割り当てます。

◉ 制限の厳しいDLPポリシーを環境に適用する

DLPポリシーを環境に適用して、案件に必要のないコネクタと、不要なチャネル、または設定（認証されていない使用、スキルの使用など）をブロックします。

◉ テナント、環境、エージェントの設定を確認し、関連するものだけを有効にする

テナント管理者は、生成AIを利用したエージェントの公開を無効にすることができます。環境管理者は、リージョン外へのデータ移動を必要とする生成AI機能を無効にすることができます。エージェント作成者は、セキュリティで保護されたアクセスを設定できます。社内エージェントは、すべての人が利用できるようにするのではなく、特定のグループによる使用に制限することができます。

◉ すべての統合のセキュリティを見直して強化する

Copilot Studioを利用する際に、各データソースに接続するための認証情報

8-5 セキュリティで保護するためのベストプラクティス

の管理が重要です。

例えば、認証情報の共有は最小限にとどめ、必要な人物だけがアクセスできるように管理します。さらに、定期的に認証情報を更新し、古い情報を無効にすることで、セキュリティを維持することが求められます。

また API キーなどの機密性の高い認証情報を利用する場合には、Azure Key Vault などのセキュリティサービスを活用することが推奨されます。Azure Key Vault は、クラウド上でシークレット情報を安全に管理するためのサービスで、高度な暗号化技術を用いて認証情報を保護します。

◉ 本番環境へのゲート付きリリースプロセスがある

Copilot Studio でクリティカルなエージェントを作成する際に、開発からテスト、そして本番環境への変更のデプロイには慎重なプロセスが検討されることがあります。このプロセスは、システムのセキュリティと安定性を確保するために重要です。特に、本番環境へのリリースにはゲート付きのリリースプロセスを設けて、これにより各段階でのレビューと承認が必要となるケースもあります。

まず、開発段階では、開発者が新しい機能の追加や不具合の修正を行います。ここでの変更は、まだ本番環境には影響を与えないため、比較的自由に行われます。しかし、開発が完了すると、次にテスト環境での検証が求められます。テスト環境では、開発された機能や修正が正しく動作するかどうかを確認します。この段階で、潜在的なバグや問題が見つかることもあります。

次に、テスト環境での確認が完了すると、変更は本番環境へのデプロイ準備に入ります。本番環境への変更を適用する前に、複数のレビューが行われます。各レビューは、異なる担当チームによって行われ、最終的にすべてのレビューを通過したあとでのみ、本番環境へのデプロイが許可されます。

このようなゲート付きプロセスを採用することで、Copilot Studio で開発したエージェントを高いセキュリティと信頼性を維持できます。

◉ Power Platform、Dataverse、Entra ID のその他のセキュリティ機能を活用する

たとえば、監査ログ、カスタマーマネージドキー、カスタマーロックボックス、IP ファイアウォール、ネットワーク分離、多要素認証、継続的アクセス評価など。

Chapter 8　Copilot Studioにおける管理の基本

　Copilot Studioの管理者として、ここで紹介したセキュリティのベストプラクティスを理解し、実践することは重要です。これらのベストプラクティスを使えば、環境の安全性を高め、データの保護を強化することができます。Microsoftの実装ガイド「Microsoft Copilot Studio - Implementation Guide」を参考にしながら、適切な管理を行い、セキュリティリスクを最小限に抑えましょう。

Copilot Studioの管理について基本的なことが理解できました！

お疲れ様でした！どう感じましたか？

セキュリティや管理がしっかりしていると、安全に利用できるのがいいですね。

そうですね。管理の基本を押さえておくことで、トラブルも防げますし、安心して運用できます。ぜひ、ここで学んだことを実際のエージェントの管理に役立ててくださいね！

Appendix

エージェントのコードをSharePoint のサイトに埋め込む準備

ここでは、Chapter 4 の 4-3 節「SharePoint サイトへの埋め込み」で必要と
なる、Copilot Studio で作成したエージェントのコードを SharePoint のサイト
に埋め込むために必要な設定を行います。

この操作には、SharePoint サイトの管理者権限が必要です。現在、管理者
権限を持っているのは、Chapter 2 で Microsoft 365 Business Premium プラ
ンの試用版の利用登録をしたときのアカウント（画面2-6 で作成したサインイン
用のユーザー）だけです。以下、ユーザーを便宜的に「メインアカウント」と
呼ぶことにします。

ここでは、メインアカウントで直接操作を行う代わりに、SharePoint の管理
者ユーザーを新たに作成し、そのユーザーで SharePoint の設定を調整します。

Appendix A　エージェントのコードをSharePointのサイトに埋め込む準備

A-1　SharePoint管理者ユーザーの追加

　最初に、SharePointの管理者ユーザーを作成します。Microsoft 365管理センターにアクセスし、メインアカウントでログインします。

Microsoft 365管理センター
URL https://admin.microsoft.com/

　Microsoft 365管理センターが表示されたら、上部のメニューで［ユーザーの追加］をクリックします（画面A-1）。

▼画面A-1　Microsoft 365管理ポータルでユーザーを追加

　ユーザーを追加する画面に切り替わります。［基本設定］画面で、［姓］［名］［表示名］［ユーザー名］［ドメイン］をそれぞれ入力し❶、［次へ］ボタン❷をクリックします。

A-1 SharePoint管理者ユーザーの追加

▼画面A-2　ユーザーを追加：基本設定

次に、ユーザーに製品ライセンスを割り当てます。[ユーザーに製品ライセンスを割り当てる]ラジオボタン❶を選択し、今回は[Microsoft 365 Business Premium]❷だけにチェックを入れます（画面A-3）。[次へ]ボタン❸をクリックします。

▼画面A-3　ユーザーを追加：製品ライセンスの割り当て

267

Appendix A　エージェントのコードをSharePointのサイトに埋め込む準備

　[オプションの設定]画面では、このユーザーにSharePointの管理者権限を付与します。上側のドロップダウンリストから[役割 (ユーザー:管理アクセス許可なし)] ❶を選択します (画面A-4)。[次へ] ボタン❷をクリックします。

▼画面A-4　ユーザーを追加:オプションの設定

　続けて、管理者の役割を設定していきます。[管理センターに対するアクセス許可]ラジオボタン❶を選択し、[SharePoint管理者] ❷にチェックを入れ、最後に[次へ]ボタン❸をクリックします。(画面A-5)。

▼画面A-5　ユーザーを追加:役割の設定

［確認と完了］画面で設定内容を確認し、問題がなければ［追加の完了］をクリックします（画面A-6）。

▼画面A-6　ユーザーを追加：確認と完了

［SharePoint Adminがアクティブなユーザーに追加されました］画面が表示されたら、［ユーザーの詳細］の下の［パスワード:］のところで［表示］❶をクリックします。ユーザー名とパスワードを適切な方法で書き留めてから、［閉じる］ボタン❷をクリックします。（画面A-7）。

Appendix A　エージェントのコードをSharePointのサイトに埋め込む準備

▼画面A-7　ユーザーを追加：ユーザー情報を書き留める

Microsoft 365管理センターの画面に戻ると、ページの下のほうにユーザーが追加されています❶。確認できたら、右上隅のボタン❷をクリックしてサインアウトします（画面A-8）。表示された指示に従って、ブラウザを閉じます。

▼画面A-8　ユーザーの一覧を確認

A-2　SharePointサイトへの埋め込みの許可

　SharePointの管理者ユーザーとしてサインインし、Copilot Studioで作成したエージェントのコードをSharePointのサイトに埋め込めるように設定します。

　まず、ブラウザでMicrosoft 365ポータルにアクセスし、前節で作成したSharePointの管理者ユーザーを使ってサインインします。

Microsoft 365ポータル
URL https://www.microsoft365.com/

　［おかえりなさい。］というページが表示されます（画面A-9）。SharePointの管理者ユーザーではないメールアドレスが表示されている場合は、左側のメニューの一番下のボタンをクリックし、［別のアカウントに切り替える］をクリックしてから操作します。

▼画面A-9　Microsoft 365にSharePoint管理者ユーザーでサインイン

　なお、SharePointの管理者ユーザーを作成した直後の場合、サイト側の準備が整っておらず、サインインはできても画面にぼかしがかかっていて何も操作できないことがあります。この場合は、いったんブラウザを閉じ、少し時間をおいてから、サインインし直してください（筆者の場合は、数分後にやり直したところ、うまくいきました）。

Appendix A　エージェントのコードをSharePointのサイトに埋め込む準備

　［ようこそ］ページが表示されたら、左上のアプリ起動ツール（⋮⋮⋮）❶をクリックし、［SharePoint］❷をクリックします（画面A-10）。

▼画面A-10　SharePointを起動

　新しいブラウザタブが背後で作成されてSharePointが起動するので、ブラウザタブを切り替え、エージェントを埋め込みたいサイトをクリックします。本書では、4-3節「SharePoint サイトへの埋め込み」で開いたサンプルサイトを開きます。画面A-11のように［よくアクセスするサイト］に［コミュニケーションサイト］（または［Communication site］）が表示されている場合は、それをクリックして開くこともできます。

▼画面A-11　コミュニケーションサイトを開く

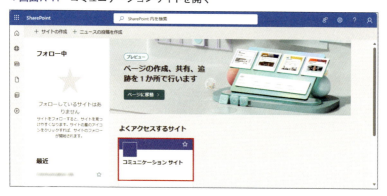

　サイトが表示されたら、SharePointサイトの右上にある歯車アイコン❶をクリックして、［サイト情報］❷をクリックします（画面A-12）。

▼画面A-12　サイト情報を開く

　サイト情報が表示されたら、[すべてのサイト設定を表示] リンクをクリックします（画面A-13）。

▼画面A-13　すべてのサイト設定を表示する

　[サイトの設定] の一覧にある [HTMLフィールドのセキュリティ] をクリックします（画面A-14）。

Appendix A　エージェントのコードをSharePointのサイトに埋め込む準備

▼画面A-14　［HTMLフィールドのセキュリティ］をクリック

　［サイトの設定：HTMLフィールドのセキュリティ］ページが表示されたら、いよいよ「copilotstudio.microsoft.com」のエージェントを埋め込みできるように設定します。

　まず、［次のドメインからに限りiframe 挿入を投稿者に許可します：］ラジオボタン❶が選択されていることを確認し、選択されてない場合はクリックして選択します（**画面A-15**）。

　次に、［このドメインからのiframeを許可：］のテキストボックスに「copilotstudio.microsoft.com」❷を入力し、［追加］ボタン❸をクリックします。

A-2　SharePointサイトへの埋め込みの許可

▼画面A-15　許可ドメインの一覧にドメインを追加

リストをいちばん下までスクロールすると❶、ドメインが追加されたことを確認できます。最後に、[OK] ボタン❷をクリックして保存します（画面A-16）。

▼画面A-16　ドメインが追加された様子

Appendix A エージェントのコードをSharePointのサイトに埋め込む準備

　以上でドメインの埋め込みを許可する設定は終わりです。次の作業に進む前に、必ずサインアウトしてから、すべてのブラウザウィンドウを閉じます。

　SharePointサイトの編集画面に戻り（91ページを参照）、エージェントの埋め込みを試してみてください。

Appendix **B**

Power Appsの
テーブル作成権限の付与

　ここでは、Chapter 6の6-2節「Power Automateとの連携」のための準備として、Copilot Studioのテスト用アカウントに対し、「Power AppsでDataverseにテーブルを作成する権限」を付与します。

　この操作には、テスト用環境における「システム管理者」の権限が必要ですが、本書の手順どおりに作業している場合、現時点でこの権限を持っているユーザーは存在しません。

　そこで、まず、この権限をメインアカウント（Chapter 2でMicrosoft 365 Business Premiumプランの試用版の利用登録をしたときのアカウント）に付与します。その後、メインアカウントを使って、テスト用アカウントに対して「テーブルを作成する権限」を付与します。

B-1 テスト用環境における「システム管理者」の権限の有効化

　最初に、メインアカウントに対して、テスト用環境における「システム管理者」の権限を付与します。

　まず、Power Appsにアクセスし、メインアカウントでログインします。

277

Power Apps

🔗 https://make.powerapps.com

　Power Appsのホームページが表示されたら、上部のメニューで［設定］（⚙）❶をクリックし、［管理センター］❷をクリックします（画面B-1）。

▼画面B-1　Power Appsで管理センターを開く

　新規ブラウザタブが表示され、サインイン（または、サインインするアカウントの選択）を求められるので、メインアカウントでサインインすると、Power Platform管理センターが表示されます（画面B-2）。

▼画面B-2　Power Platform管理センター

　左側のメニューで［環境］❶をクリックし、環境の一覧でテスト用環境の名前の左側❷をクリックして選択状態にし、上部のメニューで［メンバーシップ］❸をクリックします（画面B-3）。

B-1 テスト用環境における「システム管理者」の権限の有効化

▼画面B-3　テスト用環境を選択し、[メンバーシップ]を開く

　右側に[システム管理者]パネルが表示されたら、[＋自分を追加する]をクリックします（画面B-4）。

▼画面B-4　システム管理者に自分を追加する

　メインアカウントが追加されたこと❶を確認したら、右上の閉じるボタン（[×]）❷をクリックしてパネルを閉じます（画面B-5）。

▼画面B-5　システム管理者に自分が追加された様子

Appendix B　Power Appsのテーブル作成権限の付与

B-2　テスト用アカウントに権限を付与する

　続いて、テスト用アカウントに対して「テーブルを作成する権限」を付与します。

　[環境]の一覧画面で、テスト用環境の名前をクリックして開きます（**画面B-6**）。

▼画面B-6　テスト用環境を開く

　テスト用環境の詳細画面で、[アクセス]欄の[ユーザー]の下にある[すべて表示]をクリックします（**画面B-7**）。

▼画面B-7　[アクセス]欄の[ユーザー]の下にある[すべて表示]をクリック

　ユーザーの一覧でテスト用アカウントの名前の左側❶をクリックして選択状態にし、上部のメニューで[セキュリティロールの管理]❷をクリックします（**画**

面B-8)。

▼画面B-8　ユーザーを選択状態にして［セキュリティロールの管理］をクリック

画面右側に［セキュリティロールの管理］パネルが表示されます（**画面B-9**）。

▼画面B-9　［セキュリティロールの管理］パネル

ロールの一覧を下にスクロールし、［Environment Maker］❶（環境作成者）と［System Customizer］❷（システムカスタマイザー）をクリックしてチェックを付けます（**画面B-10**）。［保存］ボタン❸をクリックします。

なお、［Environment Maker］（環境作成者）や［System Customizer］（システムカスタマイザー）などの事前定義されたセキュリティロールに関連する情報については、次のオンラインドキュメントをご確認ください。

Appendix B　Power Appsのテーブル作成権限の付与

Dataverseデータベースを持つ環境 - Power Platform

 https://learn.microsoft.com/ja-jp/power-platform/admin/database-security#environments-with-a-dataverse-database

▼画面B-10　[Environment Maker]と[System Customizer]のロールを追加

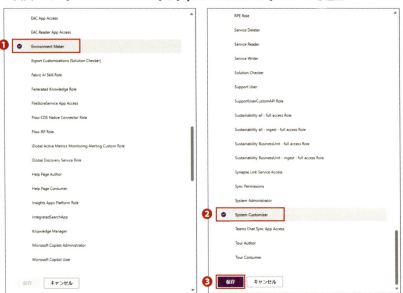

　[ロールの割り当ての確定]ダイアログで[保存]ボタンをクリックします（画面B-11）。

▼画面B-11　ロールの割り当ての確定

　これで、テスト用アカウントに対して「テーブルを作成する権限」を付与することができました。
　サインアウトしてからブラウザタブを閉じ、次の作業に進んでください。

Appendix C

トラブルシューティング

C-1 トラブルシューティング

　Copilot Studioを使えば、公開WebサイトやSharePointなどのデータソースに基づいた生成的な回答をするエージェントを作成できます。しかし、場合によってはエージェントが質問に対する応答を提供できず、「すみません、どのようにサポートしたらよいかわかりません。言い換えてみてもらえますか？」（実際のメッセージは異なります）といった回答を返すことがあります。

　SharePointまたはOneDriveがデータソースとして構成されている場合、生成回答ができない要因はいくつか存在します。主なものとしては以下の5つの要因が考えられます。うまくいかないときはこれらの点を確認し、解決方法を探ってみてください。

1. 検索結果がうまくとれていない
2. エージェントにアクセスするユーザーがデータソースに対する十分な権限がない
3. ファイルが7MBのサイズ制限を超えている
4. アプリの登録またはエージェントが正しく構成されていない
5. コンテンツモデレートによってコンテンツがブロックされている

Appendix C　トラブルシューティング

C-1-1 》 検索結果がうまく受け取れていない

　SharePoint・OneDriveを用いた生成的な回答ができるかどうかは、Graph API検索エンドポイントの呼び出しに依存します。Graph APIは、Microsoftのクラウドサービスやデバイスと連携するための強力なツールです。このAPIを利用することで、開発者はMicrosoft 365、Entra IDなどのMicrosoft製品やサービスにアクセスし、データの取得、更新、削除などの操作を行うことができます。Copilot StudioからSharePoint・OneDriveに検索するときは、その裏側でGraph APIが動いています。そして、Graph APIから返される上位3つの結果のみが、要約と応答の生成に使用されます。

　つまり、Graph APIから結果が返されない場合、エージェントは応答を提供しません。

　Copilot StudioがGraph APIから結果を受け取っていないかどうかを診断するには、Graph APIエンドポイントに対して直接検索クエリを実行して確認します。

》 確認方法

　Graph API検索エンドポイントへの呼び出しは、Graph Explorer（英語版）を使って実行できます。

Graph Explorer
URL　https://developer.microsoft.com/en-us/graph/graph-explorer

　まず、SharePoint/OneDriveテナントの適切な資格情報を使用してサインインしてください（図C-1 ❶）。

▼画面C-1　Graph Explorer

C-1 トラブルシューティング

　なお、［Consent on behalf of your organization］（あなたの組織を代表して同意する）チェックボックス❶が表示されている場合は、これをオンにしてから［Accept］ボタン❷をクリックしてください（画面C-2）。

▼画面C-2　サインイン

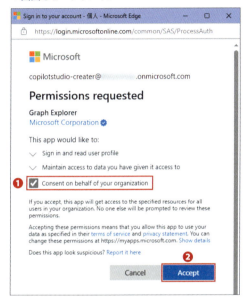

　サポートページで提供している「付録C_トラブルシューティング_Requestテンプレート.txt」に含まれている以下のテンプレートをコピーして、Graph Explorerの［Request body］❶に貼り付けます。［メソッド］❷を［POST］に設定し、［エンドポイント］❸を「https://graph.microsoft.com/v1.0/search/query」に変更します（画面C-3）。

テンプレート　付録C_トラブルシューティング_Requestテンプレート.txt

```
{
    "requests": [
        {
            "entityTypes": [
                "driveItem",
                "listItem"
            ],
```

Appendix C　トラブルシューティング

```
            "query": {
                "queryString": "SEARCH TERMS filetype:docx OR filetype:aspx OR ⮕
filetype:pptx OR filetype:pdf path:\"DOMAIN.sharepoint.com/sites/SITENAME"
            },
            "from": 0,
            "size": 3,
            "QueryAlterationOptions": {
                "EnableModification": true,
                "EnableSuggestion": true
            }
        }
    ]
}
```

※⮕は折り返し記号を表します。

▼画面C-3　SharePoint/OneDriveテナントの資格情報の確認

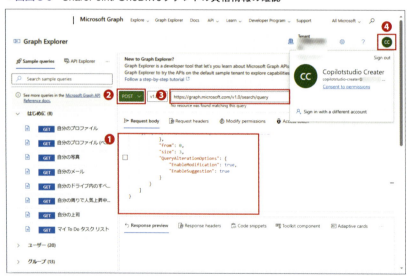

　実行の前に、右上のアイコン（画面C-3 ❹）をクリックしてSharePoint/OneDriveテナントの適切な資格情報を使用してサインインできているか確認してください。

　［Request body］の［DOMAIN］と［SITENAME］に、今回確認したい該当サイトのURLにある、ドメイン名、サイト名を入れます。例えば、以下のよう

なURLの場合、[DOMAIN] を「<user-domain>」に変更します。なお、<user-domain>はお使いの環境によって変わります。[SITENAME] は「DemoSite」に変更します。

該当サイトのURL

```
https://<user-domain>.sharepoint.com/sites/DemoSite
```

修正前　※➡は折り返し記号を表します。

```
"queryString": "SEARCH TERMS filetype:docx OR filetype:aspx OR ➡
 filetype:pptx OR filetype:pdf path:\"DOMAIN.sharepoint.com/sit➡
es/SITENAME"
```

修正後

```
"queryString": "SEARCH TERMS filetype:docx OR filetype:aspx OR ➡
filetype:pptx OR filetype:pdf path:\"<user-domain>.sharepoint.c➡
om/sites/DemoSite"
```

　検索キーワードを設定するには [SEARCH TERMS] の部分を変更します。今回は「プリンターが動作しない」というキーワードを指定します。

修正前　※➡は折り返し記号を表します。

```
"queryString": "SEARCH TERMS filetype:docx OR filetype:aspx OR ➡
filetype:pptx OR filetype:pdf path:\"<user-domain>.sharepoint.c➡
om/sites/DemoSite"
```

修正後

```
"queryString":"プリンターが動作しない filetype:docx OR filetype:asp➡
xOR filetype:pptx OR filetype:pdf path:\"<user-domain>.sharepoi➡
nt.com/sites/DemoSite"
```

　なお、Graph APIでSharePointとOneDriveのファイル検索を行うクエリについては、次のオンラインドキュメントを参照してください。

Appendix C　トラブルシューティング

Microsoft Search APIを使用してOneDriveとSharePointのコンテンツを検索する - Microsoft Graph
🔗 https://learn.microsoft.com/ja-jp/graph/search-concept-files

　クエリを更新したら、[Run query] ボタン❶をクリックして実行します（画面C-4）。今回は「サインインしたユーザーに十分な権限がないか、[Modify permissions] タブのアクセス許可の1つに同意する必要があります。」という内容のエラー（英語）❷が表示されました。これを修正するには [Modify permissions] タブ❸をクリックします。

▼画面C-4　クエリーがエラーになった

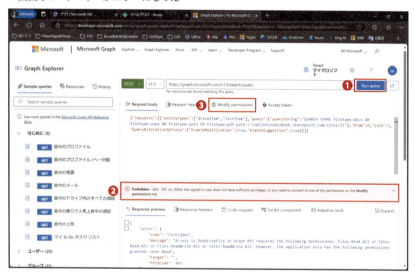

　[Modify permissions] タブの [File.Read.All] の右のほうにある [Consent] を権限のあるアカウントでクリックします（画面C-5）。[Consent] をクリックするたびに承認用ダイアログが開くので、[Accept] をクリックします。同様に、[Sites.Read.All] の [Consent] をクリックします。承認が終わるとグレー表示に変わります。

C-1 トラブルシューティング

▼画面C-5 権限を変更

もう一度、[Run query]ボタン❶をクリックします(**画面C-6**)。「OK」❷のメッセージが表示されたら完了です。

これができなければ、エージェントでも回答が返ってきません。つまり、そもそも関連データが存在していない可能性があるため、データの確認と更新を行ってください。

応答の内容を確認するには、画面の下側の[Response preview]タブ❸を参照してください。

▼画面C-6 クエリーの正常実行

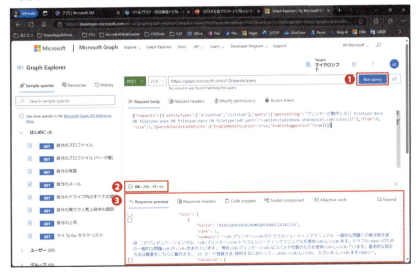

289

Appendix C トラブルシューティング

》 うまくいかないときの対処方法

1. 指定先が関連するコンテンツのある SharePoint・OneDrive の URL であるかを確認

2. 応答を生成するために、サポートされている形式（次の⚠️注意欄を参照）の書類だけを使っていることを確認

■サポートされている形式

サポートされている形式は以下のとおりです。

- SharePoint ページ（モダンページ）
- Word文書（docx）
- PowerPoint ドキュメント（pptx）
- PDF ドキュメント（pdf）

※サポートされるファイル形式はアップデートされる可能性があるため、最新情報は以下のドキュメントを確認してください。

`URL` https://learn.microsoft.com/ja-jp/microsoft-copilot-studio/nlu-boost-node#supported-content

---

3. ドキュメントが SharePoint・OneDrive にアップロードされて間もない場合、まだインデックスされていない可能性を確認。また、SharePoint・OneDrive 側の設定で、一部のサイトが検索結果に表示されないように設定されている可能性を確認

詳細については、次のオンラインドキュメントを参照してください。

SharePoint Online で検索結果が見つからない - SharePoint
`URL` https://learn.microsoft.com/ja-jp/sharepoint/troubleshoot/search/search-results-missing

C-1-2 》 エージェントにアクセスするユーザーに、データソースに対する権限が与えられていない

SharePoint と OneDrive 上の生成された回答は、Graph API を呼び出すときの委任されたアクセス許可に依存します。詳細については、次のオンライン

ドキュメントを参照してください。

生成型の回答ノードを追加する - Microsoft Copilot Studio
URL https://learn.microsoft.com/ja-jp/microsoft-copilot-studio/nlu-boost-node#add-a-generative-answers-node

ユーザーは少なくとも、関連するサイトおよびファイルに対する読み取り権限を持っている必要があります。そうでない場合、Graph APIの呼び出しは結果を返しません。

≫ 対処方法

関連するSharePointとOneDriveのサイトやファイルにアクセスできるようにユーザーの権限を変更します。詳細については、次のオンラインドキュメントを参照してください。

SharePointモダンエクスペリエンスでの共有とアクセス許可 - SharePoint in Microsoft 365
URL https://learn.microsoft.com/ja-jp/sharepoint/modern-experience-sharing-permissions

C-1-3 ≫ ファイルが7MBのサイズ制限を超えている

本書執筆時点で、SharePointをデータソースにした生成的な回答では最大7MBのサイズのファイルのみを処理できます。大きなファイルはSharePointに保存でき、Graph API検索によって返されますが、生成的な回答では処理されません。

なお、作成したエージェントと同じテナントにMicrosoft 365 Copilotライセンスがある場合、検索できる最大ファイルサイズは200MBです。

詳細については、次のオンラインドキュメントを参照してください。

生成型の回答ノードにSharePointコンテンツを使用する - Microsoft Copilot Studio
URL https://learn.microsoft.com/ja-jp/microsoft-copilot-studio/nlu-generative-answers-sharepoint-onedrive

Appendix C トラブルシューティング

》 対処方法

ファイルを編集・分割して小さくしてSharePointに保存することで回避可能かを検討してください。また、Copilot Studioのファイルアップロード機能では1ファイルあたり最大512MBをサポートしています。ファイルアップロード機能もあわせて検討してください。

C-1-4 》 アプリの登録またはエージェントが正しく構成されていない

Copilot Studioで作成するエージェントに設定する認証としては、次の3つがサポートされています。

- 認証なし
- Microsoftで認証する
- 手動で認証する

「手動で認証する」方式を使用する際に、管理者はMicrosoft Entra IDによる認証を設定し、アクセスできるAPIの範囲を定義するスコープを追加し、構成する必要があります。アプリの登録またはエージェントの認証設定にスコープが欠落している場合、または必要なスコープに同意が与えられなかった場合、結果は返されず、エラーや例外も返されません。

エンドユーザーから見ると、ドキュメントが見つからなかったかのように見えます。

》 対処方法

① アプリ登録の確認

次のオンラインドキュメントの記述を参考にMicrosoft Entra ID側でアプリの登録を行ってください。

Microsoft Entra IDを使用してユーザー認証を構成する - Microsoft Copilot Studio

URL https://learn.microsoft.com/ja-jp/microsoft-copilot-studio/configuration-authentication-azure-ad

C-1　トラブルシューティング

Microsoft Entra IDは、Microsoftが提供するクラウドベースのディレクトリおよびアイデンティティ管理サービスです。Microsoft Entra IDを使用することで、ユーザーやアプリケーションの認証とアクセス管理を一元化できます。具体的には、Microsoft Entra IDにアプリケーションを登録することで、そのアプリケーションがMicrosoft Entra IDを通じて認証を行えるようになります。アプリ登録は、AzureポータルもしくはMicrosoft Entra管理センターで行います。登録することで、アプリケーションに対してクライアントIDやクライアントシークレットといった認証情報が発行できます。上記のオンラインドキュメントの手順を参考に正しく設定できていれば**画面C-7**のように表示されます。

▼画面C-7　アプリ登録の確認

Configured permissions

Applications are authorized to call APIs when they are granted permissions by users/admins as part of the consent process. The list of configured permissions should include all the permissions the application needs. Learn more about permissions and consent

╋ Add a permission 　✓ Grant admin consent for Contoso

API / Permissions name	Type	Description	Admin consent requ...	Status	
⌄ Microsoft Graph (5)					...
Files.Read.All	Delegated	Read all files that user can access	No	✅ Granted for Contoso	...
openid	Delegated	Sign users in	No	✅ Granted for Contoso	...
profile	Delegated	View users' basic profile	No	✅ Granted for Contoso	...
Sites.Read.All	Delegated	Read items in all site collections	No	✅ Granted for Contoso	...
User.Read	Delegated	Sign in and read user profile	No	✅ Granted for Contoso	...

② 認証設定の確認

次のオンラインドキュメントの記述を参考にCopilot Studio側の認証設定を行ってください。

ユーザー認証を構成する - Microsoft Copilot Studio

URL https://learn.microsoft.com/ja-jp/microsoft-copilot-studio/
configuration-end-user-authentication

設定の流れとしては、Copilot Studioの［設定］→［セキュリティ］→［認証］画面にアクセスし、［手動で認証する］ラジオボタンを選択すると、手動認証に関連する項目が表示されます。各項目の設定値については次のオンラインドキュメントを参照してください。

293

手動認証フィールド - Microsoft Copilot Studio
🔗 https://learn.microsoft.com/ja-jp/microsoft-copilot-studio/
configuration-end-user-authentication#manual-authentication-fields

正しく設定ができていれば、次のような設定内容で表示されます（画面C-8）。

▼画面C-8　認証設定

C-1-5 》 コンテンツモデレートによってコンテンツがブロックされている

応答を生成するとき、Copilot Studioは、次の可能性のあるコンテンツをブロックします。

- 有害である

C-1 トラブルシューティング

- 悪意のある
- 非準拠である
- 著作権に違反している

コンテンツがブロックされた場合、応答は生成されず、その事実を示すものは表示されません。

こちらの挙動はサービスを使うユーザーを守るためのもので、簡単なレベル設定はできます。また、ブロックされたかどうかを確認するための設定をすることも可能です。

Copilot StudioのログデータをAzure Application Insightsに送信するように構成されている場合、モデレーションイベント（ブロックされた回答）はログに記録されます。

》対処方法

① コンテンツモデレーションのレベル設定で調整する

エージェントの［生成AI］画面にある［どの程度厳格にコンテンツモデレーションを行いますか？］の項目に注目してください（画面C-9）。

▼画面C-9　エージェントのコンテンツモデレーション

既定値は［高］になっていますが、他に［中］［低］を設定できます。値が高いほど、厳しくブロックされる可能性があります。

- ［高 - 正確性を重視］：エージェントの回答は適切

Appendix C　トラブルシューティング

- ［中 - バランスを重視］：エージェントはより多くの回答を生成するが、回答は無関係または望ましくない可能性あり
- ［低 - 創造性を重視］：エージェントは最も多くの回答を生成するが、不正確である可能性あり

設定を［中］❶に変更したら［保存］ボタン❷をクリックします（画面C-10）。

▼画面C-10　コンテンツモデレーションのレベル設定を調整

② ブロックされたかどうかを確認する設定を行う

回答だけ見ても、ブロックされた結果なのかどうかは利用者にはわかりません。確認したい場合は、Azure Application Insightsにログを出力することで分析が行えるようになります（画面C-11）。

▼画面C-11　Azure Applications Insightsのトップ画面

296

Azure Application Insightsは、アプリケーションのパフォーマンスを監視し、利用状況の分析を行うためのクラウドベースのサービスです。このツールを利用することで、エージェントの動作やユーザーエクスペリエンスに関する詳細なデータを収集し、分析することができます。なお、事前にAzureのサブスクリプションを契約する（もしくはAzureの試用サブスクリプションを利用）必要がありますので、ご留意ください。Copilot StudioのログデータをAzure Application Insightsに連携するためには、いくつかの手順を踏む必要があります。まず、Azureのサブスクリプションを準備してから、Azureポータルにアクセスし、新しいApplication Insightsリソースを作成します。具体的には、次のオンラインドキュメントを参考に、Azure Application Insightsリソースを作成します。

Application Insightsリソースの作成 - Power Apps
🔗 URL https://learn.microsoft.com/ja-jp/power-apps/maker/canvas-apps/application-insights#create-an-application-insights-resource

次のオンラインドキュメントに書かれた手順に従って、Copilot Studioの［設定］→［上級］→［Application Insights］にアクセスし、Application Insightsの接続文字列を入力して保存します。接続文字列については、作成したApplication Insightsリソースの［概要］セクションで確認できます。設定が完了したら、Copilot Studioは自動的にログデータをAzure Application Insightsに送信し始めます。

Application Insightsを使用してテレメトリを取り込む - Microsoft Copilot Studio
🔗 URL https://learn.microsoft.com/ja-jp/microsoft-copilot-studio/advanced-bot-framework-composer-capture-telemetry?tabs=webApp#connect-your-microsoft-copilot-studio-bot-to-application-insights

エージェントをAzure Applications Insightsに接続した後、Azure Applications Insightsリソースの［ログ］セクションに移動します（画面C-12）。

サポートページで提供している「付録C_トラブルシューティング_KQLクエリ.txt」に含まれている次のKusto Query Language（KQL）クエリを使えば、コンテンツがブロックされたかどうかを確認できます。

Appendix C　トラブルシューティング

Kusto Query Language（KQL）クエリ　　付録C_トラブルシューティング_KQLクエリ.txt

```
customEvents
| extend cd = todynamic(customDimensions)
| extend conversationId = tostring(cd.conversationId)
| extend topic = tostring(cd.TopicName)
| extend message = tostring(cd.Message)
| extend result = tostring(cd.Result)
| extend SerializedData = tostring(cd.SerializedData)
| extend Summary = tostring(cd.Summary)
| extend feedback = tostring(todynamic(replace_string(SerializedData,"$","")).va
lue)
| where name == "GenerativeAnswers" and result contains "Filtered"
| project cloud_RoleInstance, name, timestamp, conversationId, topic, message,
result, feedback, Summary
| order by timestamp desc
```

　このKQLクエリを実行すると、ブロックされたときのデータが表示されます（画面C-12）。［Result］列に「Filtered by high content moderation」が表示されている場合、コンテンツモデレーションのレベル設定を調整してみてください。

▼画面C-12　Azure Applications Insightsリソースの［ログ］セクション

298

③ サポートに問い合わせ

エージェントから回答が返らず、コンテンツをモデレート（ブロック）すべきではないと思われる場合は、次のオンラインドキュメントの手順に従って、サポートへの問い合わせを検討してください。

Power Platform でヘルプとサポートを得る - Power Platform

URL https://learn.microsoft.com/ja-jp/power-platform/admin/get-help-support

おわりに

　本書を最後までお読みいただき、誠にありがとうございました。Copilot Studioを活用したエージェントの構築と管理について、少しでもご理解いただけたなら幸いです。最後に、まとめと今後皆さんが継続的に学習を継続できるようなコンテンツのご紹介をさせていただきます。

まとめ

　お疲れ様でした。

　Copilot Studioを使ったエージェントの開発はいかがでしたでしょうか？

　今回は、読者の皆さんには開発者になって情報を収集するエージェントを開発する挑戦をしていただきました。このCopilot Studioは今や全世界で5万社以上の会社で活用されている、重要なツールとなっています。

　世の中や社内にあふれる情報を効率的に収集し、その情報の質を高めるために、Copilot Studioは有効な手段の1つになりうると考えています。本書の中に出てくるさまざまなテクニックを使って、皆様の普段の業務効率化に役立てていただければ著者として望外の喜びです。

　最後に、本書の担当編集者の細谷謙吾さん（技術評論社）、そして細谷さんを紹介してくださり、執筆のアドバイスをくださった永田祥平さん、ありがとうございました。また本書の制作においてご尽力いただいた風工舎の川月現大さん、八嶋武人さんには心より御礼申し上げます。お二人の丁寧な編集と的確なアドバイスのおかげで、本書をより良いものに仕上げることができました。そのお力添えがなければ、この書籍は完成しなかったことでしょう。改めて、本書に関わってくださったすべての皆さまに心より感謝申し上げます。

　では、最後に最新機能の紹介や、今後の皆さんの学習に役立つ情報を掲載して終わりにしたいと思います。

最新機能紹介

　Copilot Studioを含むPower Platform製品は年に2回大きなアップデートがあります。毎年4月と10月にメジャーリリースのイベントを行っており、新機能や拡張される機能を発表します。4月と10月のそれぞれをWave 1、Wave 2と呼び、Wave 1として発表されたものは4月から9月までの間、Wave 2として発表されたものは10月から翌年3月の間に適用されます。

　次に、本書執筆時点（2025年2月）で直近のCopilot Studioの最新機能について一部紹介します。

　まず、Copilot StudioのSharePointの検索精度について、GPT-4oモデルへのバージョンアップおよびSharePoint検索機能の改善により、応答品質が40パーセント向上しました。さらに、エージェント作成者と同じテナントでMicrosoft 365 Copilotライセンスを持っている場合、エージェントはSharePointに対しての検索は、セマンティック検索【用語】を利用でき、最大200MBのファイルまで検索できるようになります。このアップデートにより、SharePoint上のドキュメントを活用するエージェントの回答精度の向上が期待できます。

　次に、マルチモーダル対応のエージェントの作成が可能になるアップデートも発表されました。マルチモーダルとは、テキスト、音声、画像、動画などの異なるメディアを統合して利用することで、このアップデートにより、将来的にユーザーは、質問をテキストで入力するだけでなく、音声で尋ねたり、関連する画像をアップロードしたりすることができ、エージェントはこれらの異なる入力モードを理解して適切に応答してくれます。今回のアップデートでは、Copilot Studioで画像をアップロードすることができるようになりました。例えば、あるシステムやクラウドサービスを利用する際に、エラーが表示された場合、そのエラー画面をエージェントにアップロードしたら、エージェントが画像認識して、設定されたナレッジソースに対して関連情報を検索して、エ

セマンティック検索
従来のキーワードベースの検索とは異なり、ユーザーの意図やコンテキストに基づいて情報を検索する技術のことです。単に入力されたキーワードを含む文書を探すだけでなく、そのキーワードが含まれる文脈や意味を理解しようとします。これにより、ユーザーはより正確で関連性の高い検索結果を得ることができます。

ラーの原因や対策などの回答をユーザーに返すというような機能をエージェントに実装できるようになります。この結果、情報の伝達がより豊かで効果的になるため、ユーザーエクスペリエンスの向上が期待できます。

最後に、従来のチャット形式のエージェントとは異なり、人間がエージェントに話しかけなくても、特定のイベントによってトリガーされて（例えばデータベース上に新規レコードが作成された場合や新しいメールを受信した場合にエージェントが動作し始める）、エージェントがバックグラウンドで勝手に働いてくれる機能「自律型エージェント」が発表されました。具体的な利用場面として次のようなものが考えられます。

あるコンサルティング企業が顧客からの案件相談メールを受信したら、受付担当者が顧客の相談内容を確認し、今回の案件についてどういうスキルセットが必要かを整理して、さらに過去の取引の状況をチェックしたうえで、適切なコンサルタントをアサインするような業務があるとします。自律型エージェントを作成して、顧客からの案件相談のメールの受信を検知した場合、エージェントが動作し、あらかじめエージェント作成時に定義したプロンプトの指示に沿って、相談案件の整理、過去取引状況の確認、担当者のスキルセットの確認といった作業を順番にエージェントが処理し（具体的な処理は作成者が定義したアクションやPower Automateのクラウドフローで行います）、最終的にアサインする予定のコンサルタントにメールなどで通知を送り、また顧客に対して受付メールの返信まで行うことも可能です。

このように、人間の介入がなくても、さまざまなシステム、ツールに接続して、一連のアクションを開始し、自律的に作業を遂行できるようなエージェントも作成できるようになりました。

本書執筆時点では、英語のみのサポートではありますが、プレビュー機能としてリリースされています。実際検証してみたい方は、ギークフジワラ氏のブログを参考に、自律型エージェントの作成にチャレンジしてみてください。

自律型エージェントの作成方法 | Microsoft Copilot Studio | ギークフジワラ
URL https://www.geekfujiwara.com/tech/powerplatform/5699/

上記で紹介した機能はほんの一部に過ぎません。その他の最新機能をキャッチするには、次の「最新機能のチェックすべきリソース、参考情報」で紹介しているサイトを定期的にチェックしてみてください。

最新機能のチェックすべきリソース、参考情報

本書で紹介してきたように、Copilot Studioは業務効率化にも役立つツールで、その力を最大限に活用するには、最新機能や参考情報をしっかりと把握しておくことが重要です。ここでは、Copilot Studioの最新機能について知るためのリソースや参考情報を紹介します。

まず、公式ドキュメントは最も基本的で欠かせないリソースです。Copilot Studioの公式ブログやドキュメントサイトでは、最新のアップデート情報や機能追加について公開しています。定期的にアクセスし、新しい情報をチェックすることで、最新の機能や活用方法を学び、実践に活かすことができます。以下に、参考となるページのURLを紹介します。

Copilot Studioの公式ドキュメント
URL https://aka.ms/copilotstudiodocs

Copilot Studioの公式ブログ（英語版）
URL https://www.microsoft.com/en-us/microsoft-copilot/blog/copilot-studio/

前述したCopilot Studioを含むPower Platform製品は年2回大きなアップデートに関連する情報も公開されています。今後、どのようなアップデートを計画されているかは以下のサイトで確認できます。

Dynamics 365、Power Platform、Cloud for Industryのリリース計画
URL https://learn.microsoft.com/ja-jp/dynamics365/release-plans/

また、Microsoft社はユーザー向けにCopilot Studioを含むPower PlatformなどのMicrosoft製品の今後の新機能リリース計画を確認できるWebポータルを提供しています。このポータルでは、今後導入される新機能の計画を確認したり、自分に関連のある機能や興味のある新機能を登録し、自分専用のリリース計画を作成できます。最新情報の収集と計画的な導入に是非活用してください。

Dynamics 365とMicrosoft Power Platformリリースプランナー
URL https://releaseplans.microsoft.com/ja-jp/?app=Microsoft+Copilot+Studio

次に、製品のユーザーコミュニティも非常に有益です。Copilot Studioに関する質問やディスカッションが行われているフォーラムでは、他のユーザーや専門家からのアドバイスを得ることができます。問題解決のヒントだけでなく、新しい使い方のアイデアを得られます。また、製品へのフィードバックも投稿することができます。

Copilot Studio ユーザーコミュニティサイト
URL https://aka.ms/copilotstudiocommunity

これまで紹介したサイトはテキスト情報が中心ですが、Copilot Studioの関連動画も提供されています。あわせて確認してみてください。最新機能の設定方法を詳しく説明する動画を見ながら、実際の操作を学ぶことができます。以下のYouTubeのチャネルではCopilot Studioを含むPower Platform製品全般の動画が公開されています。正式動画チャネル以外に、多くの有識者やユーザーが、Copilot Studioの使い方や新機能について動画を公開していますので、ご興味があれば「Copilot Studio」というキーワードで検索してみてください。

Microsoft Power Platform チャネル
URL https://www.youtube.com/@mspowerplatform

ITの世界は日々進化を遂げており、Copilot Studioも例外ではありません。新しい機能や改善点が随時追加および更新されるため、ここで紹介したリソースを活用しながら最新の情報をキャッチアップし、スキルを磨いていく必要があります。本書で学んだ基礎をベースに、さらに深い知識を身につけ、自らのエージェントをより高度なものに進化させてください。

最後に、Copilot Studioを使って新しい価値を創造し、ビジネスの発展に貢献できることを心から願っています。あなたのエージェントが、多くの人々にとって有益な存在となることを期待しています。

これからのエージェント作成の旅が、実り多きものとなりますように。ありがとうございました。

索引

A

AIプロンプト 182
AI Builder 181
Azure AI Language 50
Azure AI Search 7
Azure Application Insight 295
Azure Bot Service 49
Azure Communication Services ... 50
Azure OpenAI On Your Data 7

C

ChatGPT GPTs 6
[Conversation boosting]トピック
.... 62, 134
Copilot
　〜からフローを実行する 167
　〜で説明をもとに作成する 163
Copilot in Power Apps 213
Copilot Studio 27
　〜が回答を生成する流れ 8
　実装ガイド 261
　ライセンス 11–13
Copilot Studio機能間のタブ付きナビ
　ゲーション 47
copilotstudio.microsoft.com 82

D

Dataverse 202
DLP (Data Loss Prevention) ポリシー
.... 244
Dynamics 365 Customer Service
.... 132

E

Entra ID 18

F

Filtered by high content moderation
.... 298

G

GPT-4o 185
GPT-4o mini 185
Graph API 284
Graph Explorer 284
　Modify permissions 288

H

HTMLフィールドのセキュリティ ... 274

I

iframe 274
InPrivateウィンドウ 72

J

JSON解析 189, 190

K

Kusto Query Language (KQL) 297

M

Microsoftで認証する 260
Microsoft 365 Business Premium 18
Microsoft 365 Copilot 4
Microsoft 365ホームページ 30
Microsoft 365 管理センター 25

305

Microsoft Copilot Studio - Implementation Guide 261, 262

[Microsoft Dataverse] コネクタ .. 169

Microsoft Teams 68

P

Power Apps 155

Power Automate 154, 167

新しい〜フロー 165, 166

Power Platform管理センター 257

PowerPoint 112

R

[Respond to Copilot] アクション .. 173

S

SharePoint 78

管理者ユーザーの追加 266

埋め込みの許可 271

T

Teamsチャネル 69

W

Word 120

ア行

アクション 56, 154

値の解析 194

アダプティブカード 213

アダプティブカードデザイナー
.... 219–222

[新しい行を追加する] アクション .. 169

アプリ登録 292

一般ナレッジ 109

[意図不明時] トリガー 134

埋め込みコード 78, 84

運用環境の割り当て 254

エージェント 4

エージェント概要情報 48

エージェントの認証方式 260

[エージェント] ペイン 47

[エージェントをテスト] ペイン 48

[エスカレートする] トピック 132

エンティティ 49

温度 186

カ行

階層セキュリティ 242

開発環境の割り当て 254

開発者環境 256

開発者ライセンス 245

[会話の開始] トピック 130

[会話の終了] トピック 130

カスタム指示 211

カスタムトピック 139

カスタムモデル 181

環境 243

[環境] ペイン 48

既定環境 256

クラウドフロー 154

クレジット 181

継続請求 (の無効化) 25, 26

公開と設定 48

公開Webサイト 42

注意事項 43

高度な入力 227

コネクタ 154, 244

コミュニケーションサイト 79
コンテンツモデレーション (の) レベル
.... 210, 211, 295, 296
コンポーネントコレクション 50

サ行

サンドボックス環境 256
サンプルJSONからスキーマを取得する
.... 191
システム管理者 277
システムトピック 129
事前構築済みモデル 181
実稼働環境 256
従量課金 12
主キー 158
出力パラメーター 177
手動で認証する 260, 292
試用環境の割り当て 254
条件付きアクセス 243
試用版環境 256
自律型エージェント 302
新規エージェントの詳細情報 41
スキーマ名 157
スキル 49
生成オーケストレーション 146
[生成型の回答] アクション 135, 150
製品ライセンスの管理 246
責任あるAI 5
セキュリティグループ 257
セキュリティチェック 21
セキュリティロール 244
接続の管理 232
セマンティック検索 301
セルフサインアップ 250

タ行

チャットボット 4
データ損失防止ポリシー 244
テーブルを作成する権限 277, 280
テーブルアクセス権限 244
テーブルオプション 215
デコード 142
テストパネル 152
テナント設定 254
デモWebサイト 76
テンプレート 94
同義語 206
統合アプリ 251
トピック 55, 128
ドメイン名 20
トリガー 146, 154
トリガーフレーズ 56, 146

ナ行

[ナビゲーション] ペイン 46
ナレッジの追加 42
入力パラメーター 176
認証設定 293
認証なし 260

ハ行

表示名 157
ファイルサイズ (の制限) 291
[フォールバック] トピック 138
プライマリ列 158
プロンプトのテスト 186
ベストプラクティス 261
変数に格納されている値 192

307

マ行

マルチモーダル 301
メッセージ消費
    生成AI回答の～ 12
    非生成AI回答の～ 11
メッセージ消費状況 249
メッセージパック 12
メンバーシップ 278

ヤ行

ユーザーコミュニティサイト 304
用語集 206
容量 247

ラ行

ライセンスガイド 248
ライセンスの比較表 13
リダイレクト 235
リリース計画 303

執筆者紹介

倉本 栞 (くらもと しおり)

日本マイクロソフト株式会社　テクニカルスペシャリスト&エバンジェリスト

大学院で物理学を専攻、AIの可視化について研究した後、2022年より日本マイクロソフト株式会社に入社。テクニカルスペシャリストとして、Power Platform導入の支援やエバンジェリスト活動などに従事。エンタープライズ企業へのCopilot Studio導入に関わる。

小金澤 蓮 (こかねざわ れん)

日本マイクロソフト株式会社　プログラムマネージャー

大手システムインテグレータにてキャリアをスタート。2019年日本マイクロソフト株式会社に入社し、Copilot Studioを含むPower PlatformとDynamics 365の技術サポートを経て、通信・小売・公共を中心とした幅広い業界のお客様にPower Platformの導入/活用を支援。現在はPower Platformの製品開発チームに所属し、プログラムマネージャーとして製品の利用推進や改善に従事。

●カバーデザイン	UeDESIGN　植竹 裕	
●本文設計・組版	有限会社風工舎	
●編集	川月現大（風工舎）	
●検証協力	八嶋武人（風工舎）	
●担当	細谷謙吾	

◆お問い合わせについて

　本書の内容に関するご質問につきましては、下記の宛先までFAXまたは書面にてお送りいただくか、弊社ホームページの該当書籍コーナーからお願いいたします。お電話によるご質問、および本書に記載されている内容以外のご質問には、いっさいお答えできません。あらかじめご了承ください。
　また、ご質問の際には「書籍名」と「該当ページ番号」、「お客様のパソコンなどの動作環境」、「お名前とご連絡先」を明記してください。

お問い合わせ先
〒162-0846
東京都新宿区市谷左内町21-13
株式会社技術評論社　第5編集部
「はじめてのMicrosoft Copilot Studio入門」係
FAX：03-3513-6173

◆技術評論社Webサイト
https://gihyo.jp/book/2025/978-4-297-14762-4

　お送りいただきましたご質問には、できる限り迅速にお答えするよう努力しておりますが、ご質問の内容によってはお答えするまでに、お時間をいただくこともございます。回答の期日をご指定いただいても、ご希望にお応えできかねる場合もありますので、あらかじめご了承ください。
　なお、ご質問の際に記載いただいた個人情報は質問の返答以外の目的には使用いたしません。また、質問の返答後は速やかに破棄させていただきます。

はじめてのMicrosoft Copilot Studio入門
―― ローコードではじめる業務AIエージェント

2025年 3月29日　初版 第1刷 発行

著　者	倉本 栞、小金澤 蓮
発行者	片岡 巌
発行所	株式会社技術評論社
	東京都新宿区市谷左内町21-13
	電話　03-3513-6150　販売促進部
	03-3513-6177　第5編集部
印刷／製本	日経印刷株式会社

定価はカバーに表示してあります。

本書の一部あるいは全部を著作権法の定める範囲を超え、無断で複写、複製、転載あるいはファイルを落とすことを禁じます。

©2025　倉本 栞、小金澤 蓮

造本には細心の注意を払っておりますが、万一、乱丁（ページの乱れ）や落丁（ページの抜け）がございましたら、小社販売促進部までお送りください。送料小社負担にてお取り替えいたします。

ISBN978-4-297-14762-4　C3055
Printed in Japan